DELIUS KLASING

Vespa

MIT DEM AUTOFÜHRERSCHEIN ROLLER UND MOTORRAD FAHREN

125er
Einfach aufs Zweirad

Dirk Mangartz
mit Stephan H. Schneider

Delius Klasing Verlag

Grenzenlos

Andi Seiler

Die 125er-Klasse boomt. Kein Wunder, denn für das Jahr 2020 wurden in Deutschland die Bestimmungen zum Führen dieser Motorräder nachhaltig geändert.

Wer kann sich nicht an seine erste Runde auf einer 50er erinnern? Die ersten vorsichtigen Fahrversuche, das noch etwas holprige Gefühl für Gas und Kupplung beim Anfahren oder Schalten? Schräglagen und deren Grenzen hatte man ja häufig schon per Fahrrad ausgelotet, das war also nicht mehr ganz neu. Als die Koordination aller Bewegungsabläufe dann immer spielerischer über die Bühne ging, kam dieses Gefühl in einem auf: das beschwingende Gefühl von Freiheit und Grenzenlosigkeit! Endlich einfach aufsitzen und irgendwo hinfahren. Keiner konnte einen mehr aufhalten. Wahnsinn!

So geht es auch heute noch jedem Neuling. Egal, ob er mit einer 125er oder einer 48-PS-Maschine oder gleich mit einem größeren Motorrad einsteigt. Hier gibt es keine großen Unterschiede. Und das gilt auch für die Bikes. 125er sind lupenreine Motorräder, orientieren sich an der Technik der großen Schwestern und profitieren davon. Das sieht man bei den meist zum Einsatz kommenden Motor- und Fahrwerkskonzepten sowie beim Design. Aber auch Oldtimer-, Zweitakt-, Elektro-, Roller- und Dreiradfans kommen in den Genuss der 125er-Führerscheinbestimmungen, die durch die ab 2020 in Deutschland gültige B196-Regelung noch einmal deutlich aufgewertet wurden. Danach dürfen Pkw-Fahrer (Mindestalter 25 Jahre, Führerscheinbesitz mindestens fünf Jahre) 125er fahren. Das hat dem Markt noch einmal einen mächtigen Schub beschert. Und davon profitieren wir alle: Hersteller, Händler, Kunden. Dieses Buch ist als perfekte Informationsquelle die logische Folge. Meine Gratulation an Autor und Verlag!

Ich wünsche allen, die sich für eine 125er entschieden haben, dieses unglaubliche Feeling von grenzenlosem Spaß beim Fahren mit ihrem neuen Gefährt.

Andi Seiler
Leiter Presse- und Öffentlichkeitsarbeit
Kawasaki Motors Europe N. V.
Niederlassung Deutschland

Kawasaki
Ninja

Führerschein

Um ein Leichtkraftrad im öffentlichen Straßenverkehr bewegen zu dürfen, muss man die passende Fahrerlaubnis besitzen – oder erwerben. Aber halt: Ganz so einfach ist es dann doch nicht. Denn je nachdem, wie alt man ist oder ob man bereits einen Pkw-Führerschein besitzt, gelten andere Bestimmungen für die Fahrerlaubnis. Bringen wir also Licht ins Dunkel.

Führerschein A1 ab 16 Jahren

Das 16. Lebensjahr ist das Einstiegsalter für den Führerschein A1, früher bekannt als 1b. Bereits mit 15 1/2 Jahren kann die Ausbildung in einer Fahrschule beginnen. Die Theorieprüfung kann frühestens drei Monate, die praktische Prüfung frühestens einen Monat vor dem 16. Geburtstag abgelegt werden. Erst mit dem 16. Geburtstag wird das Dokument dann ausgehändigt, vorher ist das Fahren trotz bestandener Prüfung nicht gestattet.

Die theoretische Ausbildung bei Ersterwerb umfasst mindestens 12 Doppelstunden zur Vermittlung des Grundstoffs und vier Doppelstunden für den Zusatzstoff. Die Schulung findet in den Räumen der Fahrschule statt. Außerdem muss der Fahrschüler einen Erste-Hilfe-Kurs absolvieren und einen Sehtest vorlegen, der nicht älter als zwei Jahre ist. Genau wie zum Erwerb eines Autoführerscheins sind für A1 gemäß Fahrschüler-Ausbildungsverordnung 12 praktische Pflichtstunden vorgeschrieben. Fünf davon müssen sogenannte Überlandfahrten sein, mit denen das Fahren auf der Landstraße bei Geschwindigkeiten von bis zu 100 km/h geübt wird. Vier weitere Stunden müssen auf der Autobahn durchgeführt werden und drei müssen Nachtfahrten in Dunkelheit oder Dämmerung sein. Dazu kommen Stunden für Ausweich- sowie Bremstraining und andere praktische Übungen. Die endgültige Zahl der Stunden ist stark von den persönlichen Fähigkeiten und dem Lernfortschritt abhängig. Erfahrungsgemäß werden fast immer 20 Stunden benötigt. Die Gesamtkosten zum Erlangen eines A1-Führerscheins liegen je nach Anzahl der Fahrstunden üblicherweise bei etwa 1200 bis 1400 Euro.

Laut Anlage 7 zur Fahrerlaubnisverordnung (FeV) muss der Fahrschüler bei der praktischen Führerscheinprüfung eine geeignete Motorradschutzkleidung tragen. Dazu zählen neben einem passenden Motorradhelm, der nach der aktuell gültigen Norm ECE-22/05 geprüft ist, auch Motorradhandschuhe, eine eng anliegende Motorradjacke, ein Rückenprotektor – falls nicht in Motorradjacke integriert – einer Motorradhose und Motorradstiefel mit ausreichendem Knöchelschutz.

Überland-, Nacht- und Autobahnfahrten: Die Ausbildung zum Erwerb der Klasse A1 ist vielseitig und macht den Fahrschüler fit für den Straßenverkehr

Ist der Führerschein bestanden und das 16. Lebensjahr erreicht, dürfen handelsübliche Leichtkrafträder und 125er-Roller gefahren werden. Der Gesetzgeber spricht von »Krafträdern mit einem Hubraum von nicht mehr als 125 ccm und einer Motorleistung von nicht mehr als 11 kW, bei denen das Leistung/Leergewicht-Verhältnis 0,1 kW/kg nicht übersteigt, sowie dreirädrige Kraftfahrzeuge bis 15 kW.« Im Ausland gelten teils ähnliche, teils unterschiedliche Regelungen. In Österreich etwa kann jeder

Die meisten Fahrschulen haben ein 125-ccm-Motorrad oder einen Roller für die A1- oder B196-Ausbildung im Portfolio

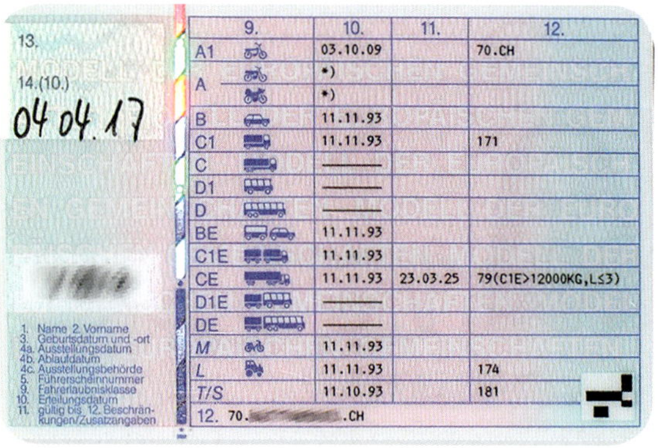

Inhaber des A1-Führerscheins erhalten einen Eintrag in der entsprechenden Spalte des Führerscheins

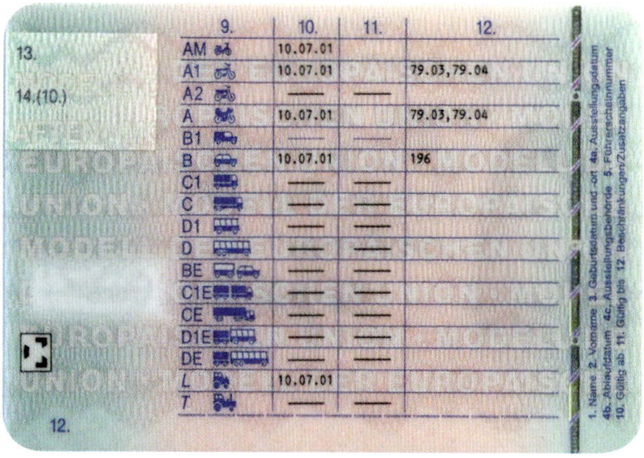

Der kleine Zusatz »196« in Spalte B erlaubt dem Autofahrer, eine 125er in Deutschland zu bewegen

Autofahrer automatisch maximal 11 kW starke 125er fahren, der seit mindestens fünf Jahren ununterbrochen im Besitz einer gültigen Lenkberechtigung für die Klasse B ist und sich nicht mehr in der Probezeit befindet. In Frankreich, Italien, Luxemburg, Spanien oder Tschechien liegt das Mindestalter für A1 ebenfalls bei 16 Jahren, wohingegen in Dänemark, den Niederlanden und der Schweiz das Einstiegsalter für 125er bei 18 Jahren liegt. Jüngere Inhaber des deutschen A1-Führerscheins dürfen dennoch in diesen Ländern 125er fahren, sofern sie sich nur kurz dort aufhalten und keinen Wohnsitz haben.

Ach, und noch was: Beim erstmaligen Erwerb der Fahrerlaubnis wird der Führerschein »auf Probe« erteilt. Während einer Probezeit von zwei Jahren werden an ein Fehlverhalten im Straßenverkehr besondere Folgen geknüpft. Fällt ein Führerscheinneuling etwa durch zu schnelles Fahren oder riskante Überholmanöver auf, dann kann der Führerschein schnell wieder entzogen werden. Hannes aus Hamburg hatte die Prüfung zum A1-Führerschein noch vor dem 16. Geburtstag bestanden und pünktlich zum Geburtstag eine 125er angeschafft. »Die Fahrstunden waren nicht ganz preiswert, aber insgesamt ein großer Spaß. So eine 125er ist schon etwas anderes als eine 50er«, berichtet der Azubi, der sein Leichtkraftrad täglich bewegt. »Ich werde mit 18 Jahren auf jeden Fall auch den offenen A-Schein machen.«

Autoführerschein von vor dem 1.4.1980

Ältere Semester, die bereits vor dem 1.4.1980 einen Führerschein der Klassen 2, 3 oder 4 – oder der vergleichbaren Fahrerlaubnisklassen der ehemaligen DDR – erworben haben, haben es besonders einfach. Sie dürfen mit ihrer Fahrerlaubnis ohne weiteres Zutun automatisch auch Leichtkrafträder fahren. Diese Regelung gilt sowohl in Deutschland als auch im Ausland.

Hermann (78) aus Duisburg hat sich vor drei Jahren ein Leichtkraftrad für Kurzstrecken zum Markt oder zur Apotheke angeschafft. Aufgrund seines vor 1980 ausgestellten Auto-Führerscheins der Klasse 3 (entspricht der aktuellen Klasse B) musste er weder eine Fahrschule besuchen noch hatte er bislang Erfahrungen mit Mopeds oder Motorrädern gesammelt. »Am Anfang musste ich mich erst einmal an das Balancieren auf zwei Rädern gewöhnen. Ein Motorrad ist halt kein Auto. Und auch mit dem Schalten per Fußhebel habe ich mich schwer getan«, gesteht der Rentner. »Das brauchte alles ein wenig Zeit, aber jetzt finde ich das Fahren super.«

Gnade der frühen Geburt: Wer seinen Führerschein vor dem 1.4.1980 bestanden hat, der darf ohne jegliche Fahrausbildung auf ein Leichtkraftrad steigen

125er in Führerschein B – die Klasse B196

Nur für Fahrten in Deutschland gilt eine weitere, erst seit 1.1.2020 in Kraft getretene Regelung. Für alle Autofahrer, die ihre Fahrerlaubnis der Klasse 3 oder B nach dem 1.4.1980 erworben haben, gilt seit 2020 ein vereinfachtes Verfahren, um den Führerschein der Klasse B196 für Leichtkrafträder zu erhalten. Der zukünftige Leichtkraftradfahrer muss lediglich eine Fahrschule kontaktieren, dort vier 90-minütige Theoriestunden absolvieren und darüber hinaus praktische Fahrstunden von mindestens fünf Mal 90 Minuten nachweisen. Die für andere Führerscheine vorgeschriebene vollständige Ausbildung muss für B196 nicht durchlaufen werden. Nicht einmal Sehtest oder Erste-Hilfe-Kurs sind notwendig. Und der Clou: Auf die theoretische und praktische Fahrprüfung wird ebenfalls verzichtet. Voraussetzung ist allerdings, dass der Autofahrer zum Zeitpunkt der Schulung älter als 25 Jahre ist und den Pkw-Führerschein der Klasse B seit mehr als fünf Jahren besitzt. Am Ende der Ausbildung erhält der Fahrschüler eine Bescheinigung der Fahrschule, mit der bei der Führerscheinstelle des Straßenverkehrsamts die Leichtkraftrad-Klasse in den bestehenden Führerschein eingetragen wird. Allerdings besitzt der B196-Inhaber keinen vollwertigen A1-Führerschein und erkauft sich damit einige Nachteile, etwa den schwereren Aufstieg in höhere Klassen (siehe unten) oder die Beschränkung auf das Staatsgebiet von Deutschland. Denn momentan sind Fahrten ins Ausland auf einem Leichtkraftrad mit dem Führerschein B196 nicht gestattet. Da die Richtlinie 2006/126/EG – die sogenannte 3. EU-Führerscheinrichtlinie – den EU-Mitgliedstaaten die Möglichkeit einräumt, Krafträder der Klasse A1 auch mit einer Fahrerlaubnis der Klasse B fahren zu dürfen, könnten sich jedoch in Zukunft auch andere EU-Länder anschließen bzw. vergleichbare Regelungen gegenseitig anerkennen.

Die Dauer der Ausbildung beträgt lediglich ein bis drei Monate, wer es extrem eilig hat und eine Fahrschule kennt, die mitspielt, schafft es gar in nur vier vollgepackten

Tagen. Für den prüfungslosen B196 liegen die mindestens anfallenden Kosten bei etwa 700 Euro. Jede Fahrstunde, die über das gesetzlich geforderte Mindestmaß hinausgeht, liegt bei zusätzlichen 50 Euro. Laura (25) aus Berlin hatte bereits Erfahrungen mit einem Moped-Roller (Führerschein AM ab 15 Jahren) gesammelt und kannte die Vorteile des wendigen und kompakten Zweirads in der Großstadt. »Der 50er-Roller war aber viel zu langsam und damit fast ein bisschen gefährlich. Ich konnte im fließenden Verkehr kaum mithalten«, erzählt die Juristin. »Also habe ich mich bei der Fahrschule angemeldet und noch einige wichtige Dinge gelernt – etwa zu den Themen Blickführung oder Kurvenfahren. Nach ein paar Wochen erhielt ich die Teilnahmebestätigung zur 125er-Fahrerlaubnis in B. Das war ganz klar die richtige Entscheidung. Mein 125er-Roller bringt mich bei gleichem Platzbedarf viel souveräner durch die City.« Maria (52) aus Hamburg hingegen wollte vor allem mit ihren motorradfahrenden Freunden an Ausflügen ins Umland teilnehmen und sich eine 125er als Freizeitvehikel anschaffen. Sie hat den B196-Führerschein in weniger als zwei Monaten absolviert. »Meine Fahrschule hatte eigens für den Run auf die neue Führerscheinregelung ein 125er-Motorrad und außerdem einen Automatik-Roller angeschafft. Ich habe mich wegen meiner Körpergröße für den Roller als Ausbildungsfahrzeug entschieden«, freut sich die Fremdsprachen-Lehrerin. »Mit dem Zettel von der Fahrschule bin ich dann zur Zulassungsstelle gegangen und habe eine vorübergehende 125er-Fahrerlaubnis erhalten. Zwei Wochen später kam der erweiterte Führerschein per Post.«

Aufstieg in größere Klassen

Wer nach seiner Zeit auf einer 125er Lust auf mehr bekommen hat und auf ein großes Motorrad umsteigen will, sollte ebenfalls wissen, wie es von nun an weitergeht. Mit 18 Jahren dann kann jeder, der ein größeres Motorrad fahren möchte, den Führerschein der leistungsreduzierten Klasse A2 machen. Da es sich um einen Stufenführerschein handelt, dürfen zunächst nur Motorräder mit maximal 35 kW (48 PS) Leistung gefahren werden, bei denen das Leistung/Leergewicht-Verhältnis 0,2 kW/kg nicht übersteigt, die nicht von einem Kraftrad mit einer Leistung von über 70 kW Motorleistung abgeleitet sind. Wer einen A1-Führerschein mit 16 Jahren erlangt hat, benötigt nur eine praktische Prüfung nach mindestens zwei Jahren, um auf die Klasse A2 zu erweitern. Lediglich 16 Doppelstunden Theorie sind für die Ausbildung erforderlich. Bei mindestens zweijährigem Vorbesitz von A1 ist keine praktische Ausbildung vorgeschrieben. Der Fahrlehrer ist allerdings verpflichtet, sich von den Fähigkeiten des Aufsteigers zu überzeugen, bevor er den Bewerber zur

Vor allem viele A1-Piloten erwerben mit Erreichen des 18. Geburtstags neben dem Auto- auch den Motorradführerschein

A1-Umsteiger dürfen mit maximal 48 PS fahren. Nach zwei Jahren kann auf vereinfachte Art der vollwertige Führerschein A erworben werden

Prüfung vorstellt. Sofern der Bewerber die jeweils niedrigere Klasse noch nicht seit mindestens zwei Jahren besitzt, ist die Anzahl der Ausbildungsfahrten auf drei Überland-, zwei Autobahnfahrten und eine Übungsstunde bei Dunkelheit reduziert – insgesamt sechs Fahrstunden.

B196-Führerscheininhaber erhalten allerdings keine Erleichterungen beim Erwerb der A2-Fahrerlaubnis und müssen volle Fahrstunden und Theorie sowie praktische und theoretische Prüfung nachweisen. Eine verkürzte Ausbildung ist nicht möglich.

Laura und Maria, die ja den B196 erworben haben, interessieren sich durchaus für größere Motorräder oder Roller, jedoch müssen sie den A2-Führerschein wie ein Fahranfänger erstehen – mit allen zu erwartenden Kosten für die Ausbildung. »Solange ich nicht auf die Autobahn fahre, reichen mir 125 Kubik völlig aus«, erzählt Laura. »Aber wer weiß, wie ich das in ein paar Jahren sehe.« Hannes, der seit zwei Jahren den A1-Führerschein besitzt, hat sich bereits bei einer Hamburger Fahrschule für den vereinfachten Erwerb der Klasse A2 angemeldet: »Ich muss nur an ein paar Theoriestunden teilnehmen und eine praktische Prüfung ablegen, das mache ich mit links.« Sein neues A2-Motorrad wartet schon in der Garage.

Wer den A2-Führerschein dann in der Tasche hat, kann nach zwei Jahren, der Prüfungsvorbereitung in einer Fahrschule und dem Ablegen einer praktischen Prüfung relativ simpel und preiswert den offenen Führerschein der (unbeschränkten) Klasse A erwerben, der ihn zum Fahren aller Motorräder berechtigt. Ausbildung und Prüfung müssen dann auf einem Kraftrad mit mindestens 44 kW stattfinden.

Dank der Stufenregelung dürfen sämtliche Motorräder mit offener Leistung – wie die 212 PS starke BMW M 1000 RR – bereits ab 20 Jahren gefahren werden. Ein Direkteinstieg in A kann mit 24 erfolgen

FÜHRERSCHEINKLASSEN

Erlaubte Kraftfahrzeuge	Einstiegsalter
A Alle Krafträder und dreirädrige Kraftfahrzeuge	Direkteinstieg mit 24, Aufstieg von A2 mit 20
A2 (Stufenführerschein) Krafträder bis 35 kW Leistung, bei denen das Leistung/Leergewicht-Verhältnis 0,2 kW/kg nicht übersteigt, die nicht von einem Kraftrad mit einer Leistung von über 70 kW Motorleistung abgeleitet sind	18 Jahre
A1 Krafträder mit einem Hubraum von nicht mehr als 125 ccm und einer Motorleistung von nicht mehr als 11 kW, bei denen das Leistung/Leergewicht-Verhältnis 0,1 kW/kg nicht übersteigt, sowie dreirädrige Kraftfahrzeuge bis 15 kW	16 Jahre
B196 Krafträder mit einem Hubraum von nicht mehr als 125 ccm und einer Motorleistung von nicht mehr als 11 kW, bei denen das Leistung/Leergewicht-Verhältnis 0,1 kW/kg nicht übersteigt. Gilt nur in Deutschland, Vorbesitz der Pkw-Klasse B für mindestens 5 Jahre. Keine Prüfung	25 Jahre
Klasse 3 – heute B (vor 1.4.1980 ausgestellt) Krafträder mit einem Hubraum von nicht mehr als 125 ccm und einer Motorleistung von nicht mehr als 11 kW, bei denen das Leistung/Leergewicht-Verhältnis 0,1 kW/kg nicht übersteigt. Ohne weitereAusbildung oder Prüfung	–
AM Leichte zweirädrige Kraftfahrzeuge mit einer Höchstgeschwindigkeit von nicht mehr als 45 km/h, einer Nenndauerleistung/Nutzleistung von nicht mehr als 4 kW und einem Hubraum von nicht mehr als 50 ccm oder einer anderen Antriebsform	15 Jahre
Mofa Zum Führen eines Mofas mit einer Höchstgeschwindigkeit von maximal 25 km/h wird keine Fahrerlaubnis benötigt. Es muss jedoch eine Prüfbescheinigung mitgeführt werden	15 Jahre

125

Von Nakedbike bis Roller

Die Achtelliterklasse bietet einen bunten Reigen an spezialisierten Motorrädern. Jeder dürfte unter den Neufahrzeugen im Schaufenster der Vertragshändler sein Wunschfahrzeug finden. Die Spanne reicht von klassischen Retrobikes über geländegängige Enduros bis hin zu einfach zu bedienenden Großradrollern. In der Preisspanne von unter 2000 bis über 9000 Euro finden sich interessante Angebote.

Einleitung

Der Gesetzgeber erlaubt Leichtkrafträdern einen Hubraum von höchstens 125 ccm und eine Motorleistung von maximal 15 PS (11 kW). Die Kräftigsten der 125er-Klasse erreichen damit eine Höchstgeschwindigkeit von bis zu 120 km/h. Bei den Leichtkrafträdern der Führerscheinklasse A1/B196 gilt zudem eine weitere Spezifikation: Das Leistungsgewicht von 0,1 kW pro Kg darf nicht überschritten werden. Folglich muss ein 11 kW starkes Zweirad mindestens 110 kg wiegen. Ist es leichter, muss die Leistung gedrosselt werden. Auch wenn 125er im schönsten Behördendeutsch als »Leichtkrafträder« bezeichnet werden, so handelt es sich bei den aktuellen Fahrzeugen dieser Klasse um echte Motorräder – mit allem, was ein modernes Zweirad auszeichnet.
Besonders beliebt bei deutschen Käufern sind die Duke von KTM, die Honda CB 125 R und als Evergreens die Motorroller von Vespa. Sämtliche Topseller überzeugen nicht als günstige Sonderangebote, sondern viel mehr als qualitativ hochwertige, ausgereifte Motorräder von bekannten Marken. Auch einfachere 125er steigen kontinuierlich in der Beliebtheit, was oftmals allerdings nicht nur im niedrigen Preis begründet ist. Auch eine stimmige und sympathische Optik wird von den Kunden honoriert.

Besser mit ABS

Da moderne 125er durchaus flott bewegt werden können, sind Modelle mit Antiblockierbremse (ABS) empfehlenswerter als solche mit einfacherem CBS, bei dem vordere und hintere Bremse gekoppelt sind, aber dennoch blockieren können. Notbremsungen sind nicht nur von Fahranfängern mit ABS sicherer und einfacher zu bewältigen.

Nicht alle der über 100 bei uns erhältlichen 125er finden in der folgenden Gegenüberstellung Erwähnung, das Angebot ist einfach zu groß. Zudem werden einige Modelle unter verschiedenen Markennamen angeboten, ohne sich signifikant voneinander zu unterscheiden. Oftmals genügt den Importeuren hier ein anderer Tankaufkleber. Einen groben Überblick über die wichtigsten Leichtkrafträder am deutschen Markt und damit eine brauchbare Entscheidungshilfe liefert die folgende Übersicht.

Sicherheitsfeature: Vor allem hochpreisigere 125er und Roller sind mit einem effizienten Antiblockiersystem an Vorder- und Hinterrad ausgestattet

Nakedbikes

Große Begehrlichkeiten – sowohl bei Wiedereinsteigern, bei Autoführerscheininhabern und vor allem bei 16-jährigen Fahranfängern – wecken unverkleidete Allrounder. Sie bieten ein weites Einsatzfeld, beherrschen sowohl den täglichen Weg zur Schule als auch den Wochenendtrip an den Baggersee. Alleine oder mit Sozius, gemütlich oder mit konstanten 110 km/h. Die erfolgreichsten Modelle kommen aus den Fabriken der großen Volumenhersteller und sind entsprechend ausgereift. Lediglich ein paar wenige »Nackte« stammen aus Fertigungsstätten in China.

APRILIA TUONO 125

BENELLI BN 125

HONDA CB 125 R

YAMAHA MT-125

Ein sympathisches Mischwesen aus europäischem Design und ostasiatischer Technik ist die **Aprilia Tuono 125**, die spürbar an die großen V4-Modelle des Hauses erinnert. Mit ihrem 15 PS starken Vierventilmotor von Zongshen aus China, einem stabilem Fahrwerk und ABS am Vorderrad kostet sie über 4000 Euro. Günstiger ist die **Benelli BN 125** zu haben, die ebenfalls in Italien entworfen und in China gefertigt wird. Ihr lediglich 11 PS starker Motor kann nicht ganz mit der sportlichen Optik mithalten.

Anders als das nur rund 3000 Euro günstige Einsteigerbike **Honda CB 125 F** ist die im »Neo-Sports-Cafe-Design« gestaltete CB 125 R ein stylischer Hingucker. Mit wertiger Verarbeitung, hoher Zuverlässigkeit und durchdachten Details präsentiert sie sich als echte Honda. Seit 2021 verfügt sie über einen kräftigeren Vierventilmotor, der nun die vollen 15 PS erreicht.

Die einzige 125er, die in Deutschland noch besser verkauft wird als die

HUSQVARNA SVARTPILEN 125

KTM 125 DUKE

Honda CB 125 R, ist die **KTM 125 Duke**. Für viele 16-Jährige stellt die kleine Duke das absolute Traummotorrad dar. Kein Wunder, stammt sie doch von der größeren 390er ab und erinnert mit ihrem scharfkantigen Design an die großen 790er oder 890er Herzöge. Ein stabiler Gitterrohrrahmen, garniert mit Aluschwinge und Upside down-Gabel, dazu ein lebendiger Motor mit vollen 15 PS rechtfertigen den hohen Preis von fast 5000 Euro. Für den gleichen Preis gibt es im Modelljahr 2021 auch die stylische, technisch identische **Husqvarna Svartpilen**. Nicht viel günstiger kommt eine **Yamaha MT-125**, die mit spacigem Auftritt die gleiche Klientel anspricht. Das wassergekühlte, 15 PS starke Kraftwerk der Yamaha überrascht mit variabler Ventilsteuerung sowie Anti-Hopping-Kupplung und erfreut mit entsprechend beeindruckenden Fahrleistungen.

Sportler

KAWASAKI NINJA 125

Der Glanz 200 PS starker Supersportler strahlt bei vollverschalten 125ern bis in die Leichkraftradklasse. So lehnt sich das Design der maximal 15 PS starken Mini-Sportler eng an die aktuellen 1000er an. Auch technisch können die Kleinen punkten. Kräftige Motoren, ABS und modernste technische Features zählen beinahe zum Standard in dieser eher hochpreisigen Klasse. Eine dynamische bis aggressive Optik gibt es obendrauf. Und dank der aerodynamischen Verkleidungen bieten die kompakten Sportmotorräder beachtliche Fahrleistungen – bis zu 120 km/h sind drin.
Mit ihrer charakteristischen, kantigen Optik fällt die **Kawasaki Ninja 125** sofort ins Auge. Doch auch die Technik kann sich sehen lassen: Volle 15 PS und ABS sind serienmäßig an Bord, 4300 Euro gehen in dieser Klasse noch als gemäßigt durch. In einer vergleichbaren Preisliga kämpfen auch die **Aprilia RS 125** und ihre bis auf die Verkleidung baugleiche Schwester **Malaguti RST 125**. Beide schöpfen das Leistungslimit der Leichtkraftradklasse aus, bauen auf einen stabilen Aluminium-Brückenrahmen und sehen richtig schnell aus.

Ernsthaft sportlich möchte auch die rund 4900 Euro teure **KTM RC 125** sein, die auf den technischen Komponenten des Bestsellers Duke aufbaut. Für nur

MALAGUTI RST 125

SUZUKI GSX-R 125

200 Euro weniger kann die **GSX-R 125** aus dem Schaufenster des Suzuki-Vertragshändlers gezogen werden. Die kleine und leichte Suzuki gibt sich durchaus dynamisch. Dank der vollen 15 PS sind schnelle Sprints möglich. Und genau wie bei der **Yamaha MT-125** sorgt auch bei der verkleideten YZF-R125 das moderne Triebwerk mit variabler Ventilsteuerung für konkurrenzfähigen Vortrieb. Das Fahrwerk punktet mit modernen Zutaten und macht die kleine Yamaha zu einem attraktiven Angebot, das mit fast 5000 Euro allerdings gut bezahlt werden will.

Retrobikes

BRIXTON CROMWELL 125

Zu Tausenden purzeln täglich billige und simpel gestrickte Nutzmotorräder von den Bändern der großen chinesischen Motorradfabriken – fast alle mit in Lizenz gefertigten Motoren aus japanischer Feder, viele davon mit 125 ccm. Auf dem verwöhnten europäischen Markt haben diese Alltagsmulis kaum eine Chance und werden bis auf wenige Ausnahmen nicht angeboten. Zu simpel ist ihr technisches Konzept, zu minimalistisch die Ausstattung, zu lieblos die Verarbeitung.

Doch bei den hübschen Retrobikes, bei denen die Rückbesinnung auf vergangene Werte im Vordergrund steht, macht die einfache, bisweilen antiquierte Technik durchaus Sinn. Manch schicker, im sentimental-altmodischen Design gestalteter Retro-Roadster vertraut statt auf chinesische Massenfertigung auf das Handwerk einer italienischen Manufaktur – was sich oft in besserer Qualität, aber auch im Preis widerspiegelt.

FANTIC CABALLERO 125

MASH CAFE RACER 125

Das traditionell angehauchte Design der 125er von **Brixton** erinnert ohne Zweifel an englische Motorräder der 60er-Jahre. Und genau wie die Vorbilder Gold Star, Manx oder Red Hunter haben die Retrobikes markige Namen: Chromwell, Felsberg oder Rayburn. Gefertigt werden die technisch einfach gehaltenen Brixton in China. Zwar leistet der luftgekühlte Einzylinder nur rund 11 PS und ABS gibt es nur gegen Aufpreis, dafür sind für die Anschaffung kaum mehr als 3000 Euro aufzuwenden.

Fantic Caballero nennt sich eine eigenständig geformte, in Norditalien gebaute 125er. Die von einem Minarelli-Motor angetriebene Caballero ist als klassische Enduro oder als Flattracker erhältlich. Beide Modelle unterscheiden sich im Wesentlichen durch andere Rad- und Reifengrößen. Finish und Design kann auch Anspruchsvolle überzeugen.
Sämtliche Modelle der französischen Marke **Mash** haben eines gemeinsam: Während ihr Retrolook in Frankreich

FB MONDIAL HPS 125

gestaltet wurde, stammt die simple Technik von Quinqi aus China. So verzichten die hübsch gezeichneten Mash auf ABS, leisten lediglich 11 bis 12 PS und erreichen gerade einmal 95 km/h Höchstgeschwindigkeit. Flotter gibt sich die **F.B. Mondial HPS 125i** im klassischen Scrambler-Look. Ihr aufwändigerer Vierventilmotor stammt von Zongshen aus China, mit gutem Fahrwerk und ordentlicher Verarbeitung präsentiert sie sich weit über dem Durchschnitt in dieser Klasse.

Enduros

Vor allem im Gelände fühlen sich moderne Enduros richtig zu Hause. Zwar lassen sich die schlanken und leichten 125er auch problemlos auf asphaltierten Straßen einsetzen, doch lange Federwege, Offroad-Bereifung und kleinere Bremsscheiben geben die Richtung eindeutig vor. Das Angebot an Geländegängern in der 125er-Klasse ist im Übrigen erstaunlich klein – weder die vier großen Japaner noch Platzhirsch KTM mit seiner gewaltigen Geländetradition führen eine straßenzulassungsfähige 125er Enduro im Portfolio.

Mit der **RX 125** hat Aprilia eine Vollblut-Enduro im Programm, die ihre Qualitäten vornehmlich abseits der Straßen artgerecht entfaltet. Für unter 4000 Euro erhält der Geländefreund ein taugliches Werkzeug. Ihre hochwertige Ausstattung und der stramme 15 PS leistende, wassergekühlte Vierventiler machen die **Beta RR 125 LC** zu einem Traumbike für Fortgeschrittene. Der professionelle Anstrich macht die Italienerin allerdings fast 4500 Euro teuer.

Mehr als 1000 Euro günstiger ist die **Rieju MRT Cross**. Der Hersteller aus Spanien

APRILIA RX 125

BETA 125RR

RIEJU MRT CROSS

SWM RS 125R

verwendet für seine unterschiedlichen Modelle drei verschiedene Einbaumotoren. Bei der MRT Cross sorgt der bewährte Minarelli-Single für flotten Antritt.

Eine weitere Italienerin spielt im Reigen der Offroad-Bikes ganz vorne mit, die **SWM RS 125R**. Das erstklassig konfigurierte Leichtkraftrad spielt in einer Liga mit den besten Geländegängern ihrer Klasse und gehört eigentlich auf ein abgesperrtes Trainingsgelände.

Adventure Bikes

Enduros müssen keine verkappten Wettbewerbsmotorräder mit Straßenzulassung sein. Wer es etwas gemütlicher mag, neben gelegentlichen Ausflügen auf Feldwegen vor allem auf der Straße unterwegs ist und mit seinem Leichtkraftrad auch mal auf große Reise gehen möchte, für den bieten sich Adventurebikes an. Sie können nichts besser als hoch spezialisierte Geräte mit Einzeltalenten, fliegen nicht schneller durch Kurven als reine Straßenbikes und fahren den Enduros im Gelände hoffnungslos hinterher. Aber dank großem Benzintank, bequemer Sitzbank und vor Fahrtwind schützender Frontverkleidung sind sie die wahren Allrounder – auch in der 125er-Klasse.

Fast schon eine kleine Reiseenduro will die **SYM NH 125 T** sein. Ihr Auftritt erinnert an hubraumstärkere GS-Modelle, ihr simpler Zweiventilmotor leistet allerdings lediglich 10 PS. Die in Taiwan hergestellten Motor-

MALAGUTI DUNE

SYM NH 125T

räder von SYM gelten als solide verarbeitet, aber ohne technische Highlights. So verfügt die NH 125 T über kein ABS.

Für die Urlaubsreise bietet sich die **Malaguti Dune** an, die nahezu baugleich auch als Zündapp ZXA 125 Adventure TT erhältlich ist. Ihre praxisgerechte Ausstattung ermöglicht Touren aller Art, als Multitalent wirkt die Dune erwachsen und robust. Ihr Vierventilmotor leistet 15 PS. Ab ca. 3500 Euro kann der Reisebegleiter erworben werden.

Supermotos

Spritzige Straßenbikes auf Basis von schlanken Enduros nennen sich Supermotos. Statt stollenbereifter 18- und 21-Zoll-Räder drehen sich in den gekürzten Federelementen vorne und hinten 17-Zöller mit griffiger Straßenbereifung. Mit ihren kleinen Tanks, der eher nervösen Charakteristik und der fahraktiven Sitzhaltung eignen sie sich allerdings weniger für die große Tour als für den schnellen Ritt auf Asphalt. Das wendige und agile Wesen der fliegengewichtigen Supermotos macht sie vor allem auf kurvigen, engen Landstraßen zu echten Spaßbringern. Asiatische Angebote überzeugen vor allem mit ihrem günstigen Preis, italienische Motos mit ihren feinen Zutaten.

Für erstaunlich kleines Geld kann sich ein Supermoto-Freund eine **KSR Moto TR 125 SM** in die Garage stellen. Gerade einmal um die 2000 Euro kostet die einfach ausgestattete, ABS-lose und nur 11 PS starke Maschine, die im Übrigen mit der Explorer Gravity baugleich ist.
Mehr als das Doppelte muss anlegen, wer mit der Anschaffung einer **Fantic 125 Motard** liebäugelt. Trotz ähnlichem optischen Auftritt sollte man die mit erstklassigen Fahrwerkskomponenten bestückte Italienerin allerdings ernster nehmen. Das gilt allerdings auch für die **SWM SM 125**. Mit ihr hat die italienische Marke SWM eine fahraktive Supermoto im Programm, die mit hochwertiger Ausstattung und vollen 15 PS den hohen Preis von mindestens 4300 Euro rechtfertigt.

KSR TR 125SM

RIEJU MARATHON 125 SUPERMOTO

Chopper

Brusthohe Buckhornlenker, knautschige Stufensitzbänke und üppiger Chromschmuck sind ein wenig aus der Mode gekommen. Hatte noch vor wenigen Jahren jeder größere Anbieter einen kleinen Chopper im Programm, so beschränkt sich das Angebot heute auf einige wenige Modelle. Yamaha Virago 125, Honda Rebel, Daelim Daystar? Nur noch gebraucht zu bekommen. Sachlich betrachtet wiegen 125er-Chopper oft reichlich viele Kilos für die überschaubare Kraft der kleinen Motoren, ihre Schräglagenfreiheit ist beschränkt, ihr Fahrver-

KEEWAY K-LIGHT 125

LUXXON TWINRIDER

halten gewöhnungsbedürftig. Doch der Auftritt der von US-Bikes beeinflussten Motorräder, der ist unerreicht.

Anders als es die Typenbezeichnung vermuten lässt, wirkt die **Keeway K-Light 125 Sport Scrambler** nicht wie ein Geländebike, sondern wie ein lässiger Cruiser. Für rund 3000 Euro erhält der Käufer ein erwachsen wirkendes Leichtkraftrad mit einfacher Technik und 10,6 PS starkem Einzylinder.

Mit einem Zylinder mehr wartet die **Luxxon Twinrider 125** auf und ist als Technikexot ein seltenes Angebot in der 125er-Klasse. Doppelauspuff und Tropfentank verleihen der Twinrider einen standesgemäßen Auftritt. Etwa 4000 Euro muss einem Interessenten der Spaß wert sein, einen echten Zweizylinder zu besitzen.

Minibikes

Begonnen hatte alles in den 60er-Jahren mit ein paar Minibikes für den Honda-eigenen Vergnügungspark »Tama Tech«. Weil die putzigen Motorräder auf großes Interesse stießen, beschloss Honda den Bau der straßentauglichen »Monkey«. Im Laufe der Jahre fand die Monkey viele Nachahmer, und noch heute scheint das Konzept kaum an Reiz verloren zu haben. Noch immer gibt es winzige Bonsai-Motorräder mit kleinen Rädern und noch immer existiert die Honda Monkey.

BENELLI TNT 125

SKYTEAM SKYMAX 125

HONDA MSX125 GROM

Doch Minibikes erfordern Nachsicht vom Fahrer. Geradeauslauf und Federungskomfort liegen weit unter dem Niveau normal großer Motorräder und der Sitzkomfort genügt nur für kurze Wege.

Mit der **TNT 125** leistet der italo-chinesische Hersteller Benelli einen vielversprechenden Beitrag zum Thema Funbikes. Das nur 120 Kilogramm leichte Gefährt rollt auf winzigen 12 Zoll-Rädern und begnügt sich mit einem Radstand von lediglich 1215 Millimetern. Ihr 11 PS starker Motor beschleunigt das miniaturisierte Nakedbike auf immerhin 95 km/h.
2018 präsentierte Honda mit der **Monkey 125** den legitimen Nachfolger seiner kultigen, seit den 60er-Jahren erfolgreichen Minibikes. Honda hat damit das Minibikesegment mit dem knuffigen Retrobike neu belebt. Trotz gewachsener Dimensionen sieht die Monkey niedlich aus, benimmt sich beim Fahren aber zahmer und stabiler als der zwergenhafte Vorgänger. Die

Honda hat die Monkey, die Funbike-Ikone der 70er-Jahre, 2018 wiederbelebt und kräftig aufgefrischt davon abgeleitete **Grom** setzt auf technoides Design bei unverändert minimalen Ausmaßen.

Nachbauten der Ur-Monkey und der zweisitzigen Dax sind bei den chinesischen Anbietern **Sky Team** (Jiangsu Sacin Motorcycle Co.) und auch von Jincheng Motors aus Nanjing erhältlich. Sky Team verkauft auch Nachbauten der Suzuki RV 50 der 70er-Jahre. Die Originale gibt es nur noch auf dem Gebrauchtmarkt und das zu exorbitant hohen Sammlerkursen. Dagegen klingen die günstigen Verkaufspreise – ab 1599 Euro – der in China gefertigten Minibikes höchst verlockend. Nachteil der Kopien ist jedoch die laxe Verarbeitung. Über die schwachen, lediglich rund 8 PS starken Motoren mit dem typischen liegenden Zylinder kann man getrost hinwegsehen – schließlich bietet kaum ein anderes Leichtkraftrad einen derart hohen Sympathiefaktor.

Roller

Ein völlig anderes Fahrgefühl als Motorräder bieten Roller, und folgerichtig sprechen Scooter auch gänzlich andere Fahrernaturen an. Während klassische Leichtkrafträder über mindestens 17 Zoll große Räder, einen stabilen Rahmen und über ein Schaltgetriebe, das per Fußhebel bedient werden will, verfügen, setzen Motorroller auf winzige Räder, freien Durchstieg und automatisierte Getriebe.

DAELIM XQ1

KYMCO LIKE II S 125I

HONDA PCX125

Mit dem **DaelimXQ1** haben die Koreaner einen modernen Full-Size-Roller mit ABS und 12,9 PS ins Programm genommen. Dank vollständiger Ausstattung, kräftigem Vierventilmotor und dem obligatorischen Variomatik-Getriebe eignet sich der XQ1 sowohl als Stadtfahrzeug als auch für Touren.

Vision, SH 125 i, Forza 125 und PCX125 heißen die Angebote von Honda in der 125er-Klasse. Als anspuchslosen Einstiegsroller sieht Honda den Vision, der mit seinem nur 8,8 PS leitenden 110 ccm-Motor eher bescheiden motorisiert ist. Mehr als doppelt so teuer, über 5500 Euro, ist der deutlich größere Forza 125. Vollausgestattet mit elektrisch verstellbarem Windschild, Start-Stopp-Automatik und Topcase, positioniert Honda den Forza in die Kategorie der Oberklasse-Scooter. Dazwischen siedelt Honda den Großradroller SH 125 i und den PCX125 an, die

LAMBRETTA V-SPECIAL

PEUGEOT PULSION 125 RS

mit moderner Erscheinung und aktueller Technik punkten und vor allem im europäischen Ausland echte Bestseller sind. Ach ja, und dann gibt es ja noch die **Honda Super Cub C125**, eine skurille, aber höchst praktische Mischung aus Roller und Motorrad. Die Super Cub steht auf großen 17-Zoll-Rädern, sie will geschaltet werden und gilt als nahezu unzerstörbar.
An die beliebte Vespa hat **Kymco** seinen **Like II** angelehnt. Der klassisch gestylte Scooter rollt in China vom Band und kostet weniger als 3000 Euro. Auch die von Oldtimer-Fans verehrte **Lambretta** ist in Gestalt des Retrorollers V125 Special wieder da. Die Technik des vom österreichischen Importeur KSR initiierten Retrorollers stammt von SYM aus Taiwan und gilt als robust und zeitgemäß. Die Optik hingegen zitiert geschickt den Klassiker aus den 60er-Jahren.

SYM FIDDLE III 125

PIAGGIO LIBERTY 125

Innerhalb der Rollerpalette von **Peugeot** steht der **Pulsion 125** als komfortabler Reiseroller. Gut ausgestattet (ABS), solide und mit einer Höchstgeschwindigkeit von 108 km/h durchaus flott kann der in Frankreich gefertigte Pulsion überzeugen. Bei Piaggio füllt der Liberty die Rolle des Großradrollers blendend aus. Seine einfache Ausstattung hilft dabei, den Anschaffungspreis mit rund 2700 Euro im Rahmen zu halten. Noch günstiger kann **Suzuki** seinen **Address 110** anbieten. Der sparsame und unscheinbare Roller wird flankiert vom luxuriösen Burgman 125. Niedrig eingepreist ist der SYM Fiddle, ein klassisch gestylter Stadtfloh mit kleinen Zwölfzoll-Rädern und luftgekühltem 10 PS-Motor.

Marktführer **Vespa** verlangt für seinen Klassiker, die **Primavera 125**, rund 4700 Euro. Die GTS mit üppigerer Karosserie und

VESPA PRIMAVERA 125S

YAMAHA XMAX 125

modernerer Technik kostet ab 5400 Euro. Spitzenmodell ist das 2012 präsentierte Designerstück 946, das als veritables Luxusgefährt vermarktet wird und für stolze 9000 Euro erhältlich ist. Das Rollerangebot des japanischen Herstellers **Yamaha** spannt sich von der weniger als 2500 Euro günstigen **D'elight 125** über den prallen Luxusscooter XMAX 125 mit einem beinahe doppelt so hohem Verkaufspreis bis zum eigenständigen Tricity mit zwei Vorderrädern.

Die 946 Christian Dior, eine gemeinsame Kreation von Vespa und Dior, trägt einen stattlichen Preis. Passende Accessoires sind erhältlich

Wettbewerbsmotorräder

Nicht alle 125er dürfen auch auf der Straße gefahren werden. Für den Einsatz auf abgesperrten Rennstrecken haben die Hersteller hoch spezialisierte Angebote im Programm. Vor allem im Motocross- und Trial-Sport existieren interessante Offerten. Weil die Racebikes nicht mehr von Serienmotorrädern abgeleitet wurden und oftmals über im öffentlichen Verkehr verbotene Zweitaktmotoren verfügen, ist eine Umrüstung für den Straßenbetrieb nahezu unmöglich. Daher wollen wir die Spezies der Wettbewerbsfahrzeuge hier nur am Rande erwähnen.

Für den rüden, staubigen Einsatz auf der Moto Cross-Piste stehen bei einigen Herstellern neben den größeren 250ern und

HONDA CRF 125F

YAMAHA YZ 125

KTM 125 SX

450ern auch 125er-Moto Crosser in der Preisliste. **Honda** etwa bietet mit der **CRF 125F** ein Einstiegsmotorrad in die Welt des MX (Moto Cross). Mit ihrem eher zahmen, 9 PS starken Viertaktmotor können auch jugendliche Umsteiger vom Kinder-Crosser ab 10 Jahren Erfahrungen im Gelände sammeln.

Deutlich ernsthafter positioniert **KTM** die **125 SX**. Die mit einem kraftvollen Zweitaktmotor ausgestattete 125er gilt als leichtestes und kompaktestes MX-Bike unter den Full-Size-Bikes. Wendigkeit und Power befinden sich auf professionellem Level. Auch die **Yamaha YZ125** möchte die Top-Liga aufmischen. Mit einem Leergewicht von 94 Kilo, einem drehfreudigen Zweitaktmotor und ihrem scharfen Factory-Bike-Look hat die YZ125 auf der Piste ein Wort mitzureden.

Gänzlich andere Ansprüche muss die **GasGas TXT Racing 125** erfüllen. Das federleichte Motorrad für Trial-Wettbewerbe richtet sich an junge Fahrer und Trial-Piloten, die ihre Fähigkeiten weiter verbessern wollen. Um steilste Hänge, extreme Passagen und zentimetergenau Hindernisse überfahren zu können, setzt der Zweitaktmotor der GasGas auf eine flache und gleichmäßige Drehmomentkurve.

GASGAS TXT GP125

Die 125er-Trial-Modelle von GasGas sind als TXT Racing und als TXT GP mit verfeinerten Komponenten verfügbar

Dreiräder mit Neigetechnik wie der Piaggio MP3 bieten sichere Dynamik

Sicherer Stand

Alle Inhaber von Pkw-Führerscheinen dürfen dreirädrige Kraftfahrzeuge fahren, deren Spurbreite mindestens 46 Zentimeter beträgt. Deshalb können sogar mehr als 125 ccm Hubraum und 11 kW Leistung in Frage kommen.

In Paris oder Rom nutzen selbst betuchte Geschäftsleute in Maßanzügen wendige Roller, die häufig drei Räder haben. Denn nicht zuletzt für Autofahrer bieten zwei Vorderräder mehr Sicherheit, zumal auf altem Pflaster. Nässe oder Straßenbahnschienen verlieren nämlich viel von ihrer Rutschgefahr, wenn die doppelte Reifenfläche greift. Von diesem erhöhten Potenzial profitieren selbst erfahrene Motorradpiloten, ohne dabei auf dynamische Schräglage verzichten zu müssen. Und mit solchen Rollern weitgehend vor Spritzwasser geschützt, erhöhen der Durchstieg und die serienmäßigen Stauräume weiter den Komfort, unterstützt von der typischen Variomatik. Entsprechend werden auch in Deutschland diese Dreiräder immer beliebter, sodass ihre Neuzulassungen allein 2020 um über 20 Prozent stiegen.

Das Prinzip

Dreiräder kennt man ja seit Kindertagen. Allerdings drohen die klassischen Konstruktionen mit zwei Hinterrädern bei flotter Kurvenfahrt unvermittelt zu kippen, wenn sich vor allem beim Bremsen die dynamische Radlastverteilung nach vorn außen verlagert: Dann hebt hinten leicht die Kurveninnenseite ab. Daher bilden zwei Vorderräder die bessere Lösung. Und wenn dann noch der Fliehkraft die passende Schräglage entgegengesetzt werden kann, zirkelt ein schmales Dreirad ausgesprochen sicher um die Kurve. Eine

Der bekannte Quadro QV3 firmiert inzwischen als Qooder QV3

solchermaßen funktionierende Neigetechnik konstruierte 1999 der Mailänder Luciano Marabese, und Piaggio lancierte damit 2006 den ersten Dreirad-Roller. Die ausgeklügelte Parallelogramm-Aufhängung der Vorderräder überschreitet dabei nicht die Gesamtbreite eines konventionellen Einspur-Rollers, und der Antrieb erfolgt wie üblich über das einzelne Hinterrad. Dieses Konzept hat von Beginn an überzeugt und den **Piaggio MP3** zum Marktführer dieses Segments gemacht.
Zwar wurden die EU-Bestimmungen für solche Fahrzeuge seither mehrfach geändert, doch bestehen weiterhin Gestaltungsfreiheiten für nationale Regelungen. So erlaubt Deutschland inzwischen jedem Inhaber von Pkw-Führerscheinen derartige Dreirad-Roller zu fahren, wenn ihre Spurbreite mindestens 46 Zentimeter beträgt.

Mit dem Pkw-Führerschein dürfen Dreiräder mit 15 kw und 46 cm Spurweite gefahren werden. Für über 21-Jährige kommen sogar größere Modelle in Frage

Und wer mindestens 21 Jahre alt ist, darf mit einer Fahrerlaubnis der Klasse B sogar dreirädrige Kraftfahrzeuge mit mehr als 15 kW (20 PS) Motorleistung führen. Das heißt, hier kommen auch großvolumige Gefährte in Frage, allerdings nicht ohne weiteres für die Fahrt ins Ausland.

Die Angebote

Der Piaggio MP3 begann in Ausführungen mit 125, 250 und 400 ccm Hubraum in den Versionen RL mit 42 Zentimetern und LT mit 46,5 Zentimetern Spurweite. Daher sollte im Falle eines Gebrauchtkaufs auf die geeignete Ausführung geachtet werden. Auch ein Hybridmodell mit zusätzlichem Elektro-Motor sowie eine sportliche Schwester namens Gilera Fuoco existierte zwischenzeitlich. Heute in sechs Varianten von 300 bis 500 ccm angeboten, verfügt der Piaggio seit 2020 optional über einen elektrischen Rückwärtsgang. Dabei reicht die Preisspanne von rund 7000 bis über 10.000 Euro, wobei alle Modelle ASR-Traktionskontrolle, ABS und ein Integralbremssystem per Fußpedal für die drei Scheibenbremsen aufweisen. Das Topmodell MP3 500 Sport Advanced leistet gut 32 kW (44 PS) und über 47 Nm Drehmoment, wodurch das 275 Kilogramm schwere Fahrzeug rund 145 km/h erreicht. Zum stabilen Ampelstopp wiederum gibt es eine elektrohydraulische Verriegelung der Neigetechnik. Der Konstrukteur Marabese gründete seinerseits 2009 in der Schweiz die Fahrzeugfirma Quadro Technologies, deren Dreirad QV3 von einem 350er Einzylinder bis auf 125 km/h beschleunigt wird. Mit 21 kW (29 PS) und 32 Nm motorisiert, kostet dieser 220 Kilo wiegende Roller rund 7500 Euro. Und inzwischen unter dem Namen **Qooder** firmierend, findet sich bei ihrem weltweit einzigen Vierrad-Roller mit Neigetechnik dieses Patent auch im Heck. Hier werden gleich zwei Hinterräder über Riemen angetrieben, und ihre Drehzahlunterschiede bei Kurvenfahrt per Differential ausgeglichen. Exklusive Technik, die mit rund 11.600 Euro ihren Preis hat.

Aus Frankreich, wo die Gattung reißenden Absatz findet, kommt seit 2013 der **Peugeot Metropolis 400**. Seine eigens entwickelte Vorderradaufhängung arbeitet mit Doppelquerlenker und einem darüber liegenden Federbein. Auch hier ermöglicht eine Arretierung unter 10 km/h, beim Anhalten die Füße auf den Trittflächen zu lassen. Reifendrucksensoren oder der erste automatische Warnblinker bei Notbremsung beruhen auf der Peugeot Autotechnik. Dazu kommen mehrstufige Traktionskontrolle, ABS für die drei Scheibenbremsen und viel Stauraum. Mit 26 kW (36 PS) und 38 Nm läuft der Franzose 135 km/h schnell, erhielt 2021 ein markantes Facelift und beginnt bei rund 10.300 Euro.

Yamaha wählt bei seiner Vorderrad-Aufhängung über zwei Tandem-Telegabeln ebenfalls einen eigenen Weg. Denn als 2014 der **Tricity 125** erschien, sollte er das leichteste und agilste Dreirad am Markt bieten. Daher neigt das Leaning Multi Wheel genannte System das kurveninnere Rad etwas stärker für den passenden Radius, sodass der Tricity zielgenauer und homogener durch Kurven rollt. Bis heute verzichtet dieser nur rund 4800 Euro kostende Dreirad-Roller dafür auf eine Arretierung im Stand. Zudem ausschließlich über die Handhebel gebremst, gilt der Tricity 125 als Leichtkraftrad und passt mit 9 kW (12 PS) Leistung und 164 Kilogramm Gewicht in die 125er Regelung – und damit auch für 16-Jährige A1-Inhaber. Dagegen richtet sich der 2020 erschienene Tricity 300 als großvolumiger Roller an Autofahrer, und bietet dazu die geforderte Spurweite und ein Fußbremspedal. Er übernimmt die hauseigene Neigetechnik,

Im Modelljahr 2021 verfügt der frisch gestaltete Peugeot Metropolis über mehr Sicherheitstechnik aus dem Automobilbau

die sich hier jedoch arretieren lässt, und erreicht mit dem knapp 21 kW (28 PS) starken Antrieb aus dem bewährten Roller XMAX 300 gut 125 km/h. Bei rund 8500 Euro Einstiegspreis startet der Japaner.

Jüngste Frucht im dreirädrigen Feld ist für 2021 der **Kymko CV3** aus Taiwan. Als einziger Zweizylinder setzt er sich mit 550 ccm, 38 kW (52 PS) und 53 Nm an die Leistungsspitze des Segments. Seine Vorderradführung übernimmt – ähnlich wie bei Yamaha – eine Konstruktion aus Doppelgabeln mit Parallelogramm-Aufhängung und lässt sich im Parkzustand blockieren. Tempomat, Farbdisplay, oder Navigationssystem gehören zur Serienausstattung des Neulings, dessen Preis in Deutschland über 10.000 Euro liegen wird.

Der Trend

Angesichts des wachsenden Verkehrs in Großstädten spricht viel für die ebenso agilen wie sicheren Dreiräder, wie bislang über 180.000 verkaufte Piaggio MP3 belegen. Weitere Angebote dürften folgen und dabei auch die Grenzen zum Mikrocar überschreiten. So erprobte Toyota bereits seine Studie i-Road, ein elektrisches Neige-Dreirad mit Karosserie für noch besseren Wetterschutz.

Der Yamaha Tricity 125 wiegt am wenigsten und gilt als Leichtkraftrad

Der neue Kymco CV3 bietet als einziger einen kräftigen Zweizylinder-Motor

Exkurs: Motortechnik

Der Motor steht beim Zweirad meist schon optisch im Zentrum. Technisch prägt sein Arbeitsprinzip und die Kühlungsmethode den Fahrzeugcharakter. Ein Einblick zur Orientierung

Heutige Leichtkrafträder nutzen Viertaktmotoren, und alternativ schreitet die Elektro-Mobilität voran. Während Dieselaggregate beim Motorrad sehr selten und als 125er garnicht vorkommen, waren Zweitakter lange in der Überzahl. Bei allen Arten kann eine klassische Fahrtwindkühlung mit Zylinderrippen auf Bauteile wie Wasserpumpe und Kühler verzichten. Umgekehrt sorgt eine Flüssigkeitskühlung mit ihrem Mantel für ruhigeren Lauf und ausgeglichene Temperatur. So oder so gilt für alle neuen Krafträder seit 1. Januar 2021 die Abgasnorm Euro-5, wobei eine Übergangsregelung für Euro-4-Fahrzeuge aufgrund der Corona-Krise bis Ende 2021 besteht.

Der Viertakter

Um die Antriebskraft zu erzeugen, benötigt diese Art Hubkolbenmotor für einen Kreislauf des Verbrennungsprozesses vier Arbeitsschritte – genannt Takte. Der Prozess beginnt mit dem Ansaugen durch das Einlassventil, nachdem der Kolben ganz oben stand. Bei seiner Abwärtsbewegung

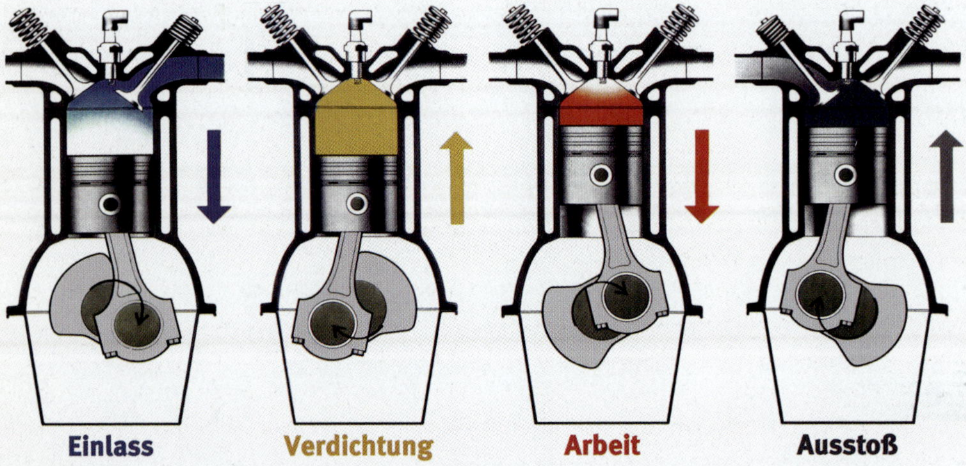

Das Prinzip des Viertaktmotors teilt den Verbrennungskreislauf in vier Vorgänge

füllt das Gasgemisch den Zylinder, wobei die Gemischbildung von Benzin und Luft in einem Vergaser oder per Benzineinspritzung erfolgen kann. Erreicht der Kolben seinen untersten Punkt, schließt das Einlassventil und der erste Takt endet. Im zweiten Takt bewegt sich der Kolben wieder nach oben und verdichtet das Gasvolumen auf einen Bruchteil, beispielsweise im Verhältnis 1:10, wodurch sich das Gemisch auch erhitzt.

Mit Erreichen des höchsten Kolbenpunktes wird es von der Zündkerze entflammt, mit Temperaturen bis über 2000 Grad, und der dritte Takt beginnt: Arbeit. Denn die Explosionskraft drückt den Kolben wieder nach unten und wirkt mechanisch über das Pleuel auf die Kurbelwelle. Nachdem erneut der untere Punkt erreicht wurde, schiebt der Kolben nun die Verbrennungsrückstände durch das geöffnete Auslassventil, womit der Ausstoß den vierten Takt bildet. Während das Auslassventil schließt, öffnet wieder das Einlassventil und der Kreislauf beginnt von Neuem.

Der Prozess muss natürlich zuerst von außen gestartet werden, meist per Elektro-Strarter, bevor der Verbrennungsmotor seine Kraft entfaltet. Pro Zylinder gibt es mindestens ein Ein- und ein Auslass-Ventil, aber auch drei oder vier Ventile. Wann sie öffnen und schließen, steuert mindestens eine Nockenwelle über unterschiedliche Zwischenkomponenten. Dabei rotiert sie mit halber Drehzahl der Kurbelwelle, weil ja ein vollständiger Prozess mit Einlass und Ausstoß zwei Kurbelwellenumdrehungen erfordert.

Der Zweitakter

Umgangssprachlich versteht man unter Zweitakter einen Verbrennungsmotor, der ohne Ventile mit zwei Prozesstakten auskommt. Da er einfach und leicht ist, findet man ihn bevorzugt bei tragbaren Geräten wie Kettensägen. Doch führt seine Arbeitsweise zu schwierigem Abgasverhalten, unter anderem zu einem höheren Anteil unverbrannter Stoffe. Daher kommt er in aktuellen Krafträdern für den Alltag nicht mehr vor. Einzig im Geländesport spielen moderne Zweitakter nach wie vor eine bedeutende Rolle. Und weil ältere Gebrauchtfahrzeuge damit ausgerüstet sein können, machen wir uns auch dieses Prinzip kurz klar.

Die Gassteuerung von Ein- und Auslass erfolgt hier nur mittels des Kolbens über Öffnungen in der Zylinderwand, sodass der Motor keinerlei Ventile und zugehörigen Komponenten benötigt. Es gibt zwar noch andere Methoden, doch die sogenannte Schlitzsteuerung ist mit Abstand am häufigsten. Durch die Bauweise findet bei jeder Kurbelwellenumdrehung ein kompletter Verbrennungsvorgang statt. Der Motor zündet also mit doppelter Frequenz, was als höherer Ton wahrgenommen wird. Verzichten können diese Antriebe häufig auch auf das übliche Motoröl, da die Schmierung tendenziell über den Treibstoff erfolgt. Spezielles Zweitakt-Öl kommt entweder aus einem kleinen Extratank über eine Pumpe in den Ansaugtrakt – die Getrenntschmierung – oder beim Tanken direkt ins Benzin – als Mischungsschmierung. Bei dieser muss

Die Beta RR 2T 125 mit wassergekühltem Zweitakter und Mischungsschmierung wendet sich primär an den Sportnachwuchs

mit jeder Benzinfüllung eine definierte Menge Öl zugegeben werden. Bei einer Getrenntschmierung entfällt das, es genügt ausreichend Vorrat im Öltank. Außerdem versorgt sie bedarfsgerechter und selbst bei längeren Bergabfahrten mit geschlossenem Gas stets ausreichend.

Der Elektro-Motor

Das erste Motorrad mit Elektro-Motor ging schon 1941 in Serie, und in den 1970er-Jahren versprachen E-Mofas saubere Arbeitswege vor allem in Fabrikhallen. Scheiterten diese frühen Konzepte an den schweren Bleibatterien und mangelnder Regeltechnik, bieten moderne Lithium-Ionen-Akkus und Elektronik ungleich bessere Voraussetzungen.

Damals wie heute kommen in leichten Fahrzeugen Gleichstrom-Aggregate mit Permanentmagnet zum Einsatz.
Der Elektro-Motor eignet sich durch seine kompakte Bauform und geringen Vibrationen hervorragend fürs Zweirad.

Einbaulagen finden sich wahlweise an der konventionellen Motorposition, direkt am Schwingendrehpunkt oder als Radnabenmotor im Hinterrad. Sogar Projekte mit Allradantrieb entstehen. Im Fahrbetrieb bietet das enorme Drehmoment ab der ersten Umdrehung überlegene Beschleunigung im Stadtverkehr. Verschiedene Vorwärtsfahrstufen regeln Kraft und Energieverbrauch, sodass kaum mechanische Schaltgetriebe auftauchen, während eine mitunter angebotene Rückwärtsschaltung leichtes Rangieren unterstützt. Eine Energiegewinnung beim Bremsen, die Rekuperation, lässt sich häufig ebenfalls einstellen. Den Ladevorgang ermöglicht stets ein übliches Haushaltskabel, zusätzlich kann es Schnellladetechnik geben. Anders als bei Elektro-Autos lassen sich die kleinen Akkus zudem häufig herausnehmen, sodass sie leicht in der Wohnung oder am Arbeitsplatz aufzuladen sind.

Ein kompakter Elektro-Motor findet leicht Platz, mehr Raum benötigen die Batterien

Erfolgreicher Pionier: Seit 2006 entwickelt Zero Motorcycles in Kalifornien Elektro-Motorräder

Unter Strom

Platzsparende Leichtkrafträder bieten mit emissionsfreiem Elektro-Motor einen doppelten Vorteil im urbanen Lebensraum. Auch wenn die große Politik dieses Potenzial ignoriert, können Nutzer profitieren.

Nicht kuppeln, nicht schalten, nicht treten müssen. Wie von Geisterhand geschoben, beschleunigt die **Zero DS** 11 kW in weniger als sechs Sekunden auf 100 km/h – und bei Bedarf locker darüber hinaus. Für diesen beeindruckenden Schub sorgen über 90 Nm Drehmoment quasi aus dem Stand, wenn sie auch bis 30 km/h sicherheitshalber reduziert sind. Zum Vergleich: Eine konventionelle 125er hat nur etwa 15 Nm Drehmoment. In der Ruhe liegt die Kraft.

Neu definierte Leistung

Zwar zeigt sich Elektro-Mobilität in der Gesamtbilanz von den Rohstoffen bis zum Recycling nicht so sauber, wie gern behauptet. Doch vor allem der urbane Lebensraum profitiert von platzsparenden und lokal emissionsfreien Fahrzeugen. Und selbst wer dem Thema kritisch gegenübersteht, erlebt mit den Zweirädern ein einzigartiges Fahrvergnügen. Denn für die Genehmigung solch reiner Elektro-Fahrzeuge gilt in der Europäischen Union die Regelung 85 UN/ECE. Danach werden elektrische Antriebssysteme nach ihrer Dauerleistung eingestuft und homologiert, nicht wie Verbrennungsmotoren nach der Höchstleistung. Als Dauerleistung gilt dabei die Leistung, die der Motor 30 Minuten lang konstant liefern kann. Aus dieser Regelung folgt, dass elektrische Krafträder mit 11 kW Dauerleistung mit Motorradführerschein A1 ab 16 Jahren oder mit Autoführerschein B196 gefahren werden dürfen, auch wenn ihre Spitzenleistung höher liegt!

In Zeros Modellpalette für Europa finden sich auch Motorräder mit 11 kW Dauerleistung

Im Falle der kalifornischen Zero DS 11 kW lassen sich nämlich bis zu 43 kW (59 PS) abrufen.

Natürlich reduziert auf Dauer volle Power ihre Reichweite, sodass der Eco-Modus die vernünftigere Wahl ist. Doch soll man mit optionalem Power-Akku bis über 300 Kilometer weit kommen. Sehr ambitionierte Ziele setzt sich der 2006 gegründete Pionier Zero Motorcycles, dessen Fortschritte über die Zero-App aufs Motorrad übertragen werden können. Dennoch dürfte besonders Zweiradneulingen die Entscheidung schwer fallen: Die Zero wiegt mit rund 190 Kilo spürbar mehr als eine konventionelle 125er, und kostet mit gut 12.700 Euro auch über das Doppelte.

Der BMW unter den E-Rollern wendet sich seit der IAA 2013 an das gut situierte Autopublikum

Noch massiver tritt der **BMW C evolution** auf: Der Elektro-Roller wiegt 275 Kilo und beginnt bei rund 14.700 Euro. Erstmals auf der Frankfurter IAA 2013 präsentiert, soll das Konzept seit jeher besonders die Autoklientel in Ballungsräumen anspre-

Die Produktion des BMW Concept CE 04 soll 2021 beginnen und im Großstadtverkehr neue Möglichkeiten bei Antrieb und Konnektivität bieten

chen. Ein Argument liefert nicht zuletzt seine Beschleunigung von unter drei Sekunden auf 50 km/h. Bei einer Nennleistung von 11 kW generiert sein flüssigkeitsgekühlter Synchronmotor bis 35 kW (48 PS) Spitzenleistung und 72 Nm Drehmoment. Der Eco-Modus mit weniger Leistung verspricht 20 Prozent mehr Reichweite auf bis zu 160 Kilometer, wohingegen Dynamic außer voller Kraft noch starke Rekuperation verschafft. Dazwischen stehen zwei weitere Stufen zur Wahl. Die Antriebstechnik entwickelte der bayrische Hersteller auf Basis seiner Elektro-Autos BMW i3 und i8. Und bald wird der futuristische **CE 04** als neuer Elektro-Roller den C evolution ablösen.

Einen anderen Weg wählt die Münchner Firma **Govecs** für ihre **Schwalbe**. Denn in bewusster Anlehnung an den ostdeutschen Kultroller der Vergangenheit vertreibt sie die elektrische Neuauflage seit 2017 gezielt über das Internet: Nach der Konfiguration im Online-Shop kommt die gut 7000 Euro teure Schwalbe entweder per Spedition direkt zum Kunden oder kann in einer Niederlassung abgeholt werden. Ihre 90 km/h schnelle Version L3e treibt ein 8 kW (11 PS) starker Mittelmotor über Riemen an. Dabei stehen für eine angegebene Reichweite von maximal 125 Kilometern vier Mappings zur Verfügung, und der Modus Crawl unterstützt vorwärts wie rückwärts das Rangieren des

Die Rückkehr der Schwalbe: Der ostdeutsche Kultroller fährt elektrisch in die Zukunft, vertrieben über das Internet

135 Kilo wiegenden Fahrzeugs. Rekuperation erfolgt im Schiebebetrieb oder beim Bremsen, doch können die Akkus zum stationären Aufladen leider nicht entnommen werden.

Bei Rollern fehlt natürlich keinesfalls die **Vespa**, die seit 2018 auch als **Elettrica** vom Band rollt und in der schnellen Variante bis 70 km/h läuft. Basierend auf einer Version für Führerschein AM bis 45 km/h, leistet der Radnabenmotor im Hinterrad nur maximal 4 kW (5,5 PS). Dafür wiegt die italienische Ikone lediglich 130 Kilogramm und kostet rund 6500 Euro. Drei Fahrmodi und eine zweistufige Rekuperation lassen sich einstellen, mit dem Versprechen von 100 Kilometer Reichweite. Für den Stadtverkehr letztlich ausreichend leistungsfähig, stellt auch bei der Vespa ihr fest installierter Akku ein Manko dar.

Neue Nutzerangebote

Den Akku dagegen in die Wohnung tragen zu können, gehört für den chinesischen Hersteller **Niu Technologies** zur Nutzerfreundlichkeit. Nicht ohne Grund hat der Neuling seit seiner Gründung 2014 bereits weltweit über 800.000 Elektro-Roller verkauft, mehr als manch etablierter Motorradhersteller im gleichen Zeitraum. In seiner Palette bieten mehrere Modelle bis zu 70 km/h Spitze, mit einer Reichweite von etwa 100 Kilometern. Die Technik der mit

Die Vespa Elettrica pflegt ihren traditionellen Stil mit neuer Technik

3,5 kW (5 PS) dezent motorisierten Roller entsteht in Zusammenarbeit mit Bosch, Panasonic und Vodafone. So sind alle Fahrzeuge mit einer Prepaid-SIM-Karte ausgestattet, die über Niu-App Echtzeitinformationen wie GPS, Diebstahlschutz und Fernverfolgung sowie ein Hilfecenter bereitstellt. Zugleich halten Updates das Fahrzeug auf dem neuesten Stand. Die Produktion in China erlaubt niedrige Verkaufspreise, sodass beispielsweise der Niu NQi GTS nur rund 4500 Euro kostet.

Der Super Soco CPX punktet mit geringem Gewicht und serienmäßiger Schnellladung

Damit punktet auch die **Super Soco** Company in Shanghai, die ihren Roller CPX für rund 5500 Euro und das Motorrad TCmax für rund 5000 Euro anbietet, jeweils mit zirka 5 kW (7 PS) Spitzenleistung motorisiert. Bei ihnen können ebenfalls über App zahlreiche Funktionen gesteuert und Infor-

Der chinesische Hersteller Niu eröffnete 2019 seinen ersten deutschen Flagship-Store in Bremen

mationen abgerufen werden. Den Scooter beschleunigt ein Radnabenmotor bis 90 km/h, fahrbar in vier Vorwärtsstufen plus Rückwärtsgang. Eine Reichweite bis 140 Kilometer versprechen hier zwei herausnehmbare Akkus, für die außerdem eine Schnellllademöglichkeit zur Serienausstattung gehört. Wiegt schon der Roller fahrbereit nur 107 Kilogramm, ist das kompakte Motorrad sogar noch sechs Kilo leichter. Bei ihm wirkt ein Mittelmotor über Zahnriemen aufs Hinterrad, und drei Fahrmodi ermöglichen bis zu 95 km/h. Der Akku für eine angegebene Reichweite bis 110 Kilometer kann entnommen und optional mit einem Schnellladegerät verbunden werden.

Schweizer Erfindergeist: Quantya begann 2005 mit Geländemotorrädern und entwickelt aktuell Schneemobile und Roller

Lassen sich die Entwicklungsziele geringes Gewicht und große Reichweite in der Batterietechnik nur schwer vereinbaren,

Die kompakten Motorräder von Super Soco aus Shanghai bieten je nach Modell bis zu 95 km/h Spitze

erkannten Geländesportler schon früh einen Vorteil von Elektro-Motorrädern: leises Training, sogar in der Nähe von Wohngebieten. Die Reichweite spielt eine untergeordnete Rolle, da Rennläufe im Moto Cross nur 15 bis 30 Minuten dauern. Zu den Pionieren gehört diesbezüglich das 2005 in Lugano gegründete Unternehmen **Quantya**, dessen Cross-Motorrad unter anderem in eigenen Offroad-Parks sauste. Inzwischen entwickeln die Schweizer neben Schneemobilen den Roller Eco1, der mit 4 kW (5 PS) bis 75 km/h surren soll. Und die sportliche Marke KTM arbeitete besonders intensiv an ihrer Geländemaschine Freeride E-XC, bevor sie 2015 erschien. Das 111 Kilo wiegende Gerät mit

wassergekühltem Motor leistet bis 18 kW (24,5 PS) und kann rund eineinhalb Stunden lang fahren, bevor es zur Ladepause muss. Mit über 250 Millimetern Federweg, den großen Raddurchmessern von 21 Zoll vorn und 18 Zoll hinten sowie über 90 Zentimetern Sitzhöhe entspricht es der Konfi-

Die KTM Freeride E-XC basiert auf der langen Geländesport-Erfahrung der Österreicher

Akku und Ladegerät kosten zirka 3800 Euro, lassen sich aber leasen

guration eines konventionellen Geländemotorrads. Als neue Dienstleistung lassen sich aber Akku und Ladegerät leasen, und nach 48 Monaten wahlweise zurückgegeben oder kaufen.

Ein extremes Engagement betreibt die Turiner Firma **Tacita**, die jährlich bei der Rallye Dakar im Sonderlauf für Hybrid- und Elektro-Fahrzeuge startet. Gegründet 2009, bauten die Italiener 2012 das erste Elektro-Motorrad, das die Merzouga Rallye in Marokko bestritt, und entwickelten daraus mehrere Enduro-Modelle, mit der T-Race Rallye Pro an der Spitze. Der Motorsport dient nicht zuletzt dem Test von Fahrzeugtechnik und Ladesystem unter harten Bedingungen. Die käuflichen Versionen beginnen bei rund 20.000 Euro und sind erhältlich in vier Dauerleistungsstufen von 11 kW (15 PS) bis 44 kW (60 PS).

Die italienische Tacita T-Race Rallye staubt sogar durch die Wüste

Bis 170 km/h schnell, werden rund 220 Kilometer Reichweite versprochen. Und zu den zwei elektronischen Mappings plus Rangierhilfe kommt ein mechanisches Schaltgetriebe mit fünf Gängen.

Das bietet ebenso die Tacita T-Cruise, hier zusammen mit drei Motor-Mappings und vier Rekuperationsstufen. Erstmals 2017 in Kalifornien präsentiert, kommt dieser Cruiser nach amerikanischem Geschmack ab 2021 in zwei Ausstattungsvarianten – Urban und Turismo – sowie drei Leistungsversionen. Die Modelle mit 11 kW (15 PS) und 60 Nm Drehmoment kosten rund 11.000 Euro.

Neue Ansprüche
Wie viele Stilrichtungen und Möglichkeiten die Nutzer wünschen, weiß Steffen Kloiber vom Elektro-Mobilitätszentrum in Karlsruhe: »Es gibt nicht nur unterschiedliche Wünsche zwischen der Fahrrad-, Roller- und Motorradklientel, sondern auch durch die Nutzungsformen. Denn Berufspendler, Familien, Camper oder Sportler haben nun mal ganz verschiedene Ansprüche an ihre Fahrzeuge.«

Und so individuell wie die Menschen sind die originellen Lösungen. Zu denen zählt zweifellos das **e-Rockit** aus Berlin, das pedalbetriebene Elektro-Motorrad. Hier tritt der Mensch wie beim Fahrrad in die

Die T-Cruise aus Turin orientiert sich am amerikanischen Geschmack

Human-Hybrid: Beim e-Rockit aus Berlin tritt der Mensch in die Pedale, sogar auf der Autobahn

Pedale, wobei der Kurbeltrieb den Gasgriff ersetzt. Kupplungsfrei gelangt die Kraft des Mittelmotors über einen Zahnriemen ans Hinterrad. Mit einer Dauerleistung von 5 kW (7 PS) und bis zu 16 kW (22 PS) Spitzenleistung beschleunigt dieses E-Bike bis zur Abriegelung bei 80 km/h. Trotz seiner Fahrradpedale ist es somit als Leichtkraftrad im Straßenverkehr zugelassen, darf also offiziell auf die Autobahn, aber umgekehrt nicht auf Radwege. Gebaut wird es auf Bestellung zum Preis von rund 12.000 Euro.

Eher wie ein Insekt summt das **Johammer** aus Österreich durch die Landschaft, verlässt optisch wie technisch konventionelle Pfade. So nimmt statt eines herkömmlichen Motorradrahmens eine Aluminiumbox die darin liegenden Federelemente

Hightech mit hohem Spaßfaktor: Das außergewöhnliche Johammer J1.200 summt seit 2014

und das Akkupaket auf. Radnabenlenkung vorn und Einarmschwinge hinten komplettieren das außergewöhnliche Fahrwerk. Mit 11 kW (15 PS) Dauer- und 16 kW (22 PS) Spitzenleistung erreicht das Gefährt 120 km/h, und wiegt bei 200 km Reichweite knapp 180 Kilogramm. Für rund 23.000 Euro ist es zu haben.
Mit rund 6500 Euro deutlich niedriger rangiert der spanische Roller **Silence S01**, ohne auf clevere Lösungen zu verzichten. So lässt sich sein Akku leicht seitlich entnehmen und wie ein Trolley mit Griff und Rädern ziehen. Als derart mobiler Stromspeicher kann er zudem für Gitarrenverstärker oder Ähnliches verwendet werden. Mit 7 kW (10 PS) Dauerleistung und

Sein großer Akku rollt einfach seitlich aus dem Fahrzeug und lässt sich wie ein Koffer transportieren

100 km/h Höchstgeschwindigkeit verspricht der knapp 160 Kilo schwere Spanier über 120 Kilometer Reichweite und steht in seinem Heimatland seit Längerem an der Zulassungsspitze aller Elektro-Fahrzeuge, vor Autohersteller Tesla.

Der spanische Silence S01 erfreut sich größter Beliebtheit und überzeugt sogar den Volkswagen-Konzern

Seat entspricht dem heutigen Wunsch nach Konnektivität des Fahrzeugs

Zur dieser wachsenden Zahl von Start-Ups positionieren sich bekannte Unternehmen – wie Harley-Davidson aus der konventionellen Motorradindustrie oder wie Volkswagen aus der Automobilbranche. So liefern die Wolfsburger über ihre spanische Tochter **Seat** den **Mó eScooter 125** für knapp 6300 Euro. Auch hier versteht sich eine Smartphone-Anbindung von selbst. Gefertigt wird er von der erwähnten Firma Silence, an der wiederum der Ölkonzern Repsol Anteile hält. Solche Netzwerke verdeutlichen die sich ändernden Verhältnisse.

Neue Kommunalpolitik

Mit jährlich über 6000 verkauften Elektro-Krafträdern belegt Spanien in Europa klar die Spitzenposition. Damit bleiben Stromer zwar weiter eine Nische, doch meldet der Herstellerverband ACEM euro-

Der Seat Mó eScooter 125 kommt seit November 2020 aus Barcelona zum deutschen Seat-Händler

Die Zahl der Ladesäulen wächst täglich, doch behindern unterschiedliche Anschlüsse und Systeme der Hersteller kurze Ladezeiten

paweit mehr als eine Verdoppelung der Neuzulassungen seit 2018.

In Deutschland startete 2010 die Nationale Plattform Elektro-Mobilität (NPE), und seit 2015 gilt das Elektro-Mobilitätsgesetz (EmoG), das bis Ende 2026 läuft. Im Rahmen der zugehörigen Ladesäulenverordnung (LVS) registriert die Bundesnetzagentur alle öffentlich zugänglichen Ladepunkte. Dieses Ladesäulenverzeichnis wird monatlich aktualisiert, inklusive der unterschiedlichen Steckersysteme, und lässt sich ins Navigationssystem integrieren. Danach gab es Ende 2020 rund 33.000 Stationen, und wöchentlich kommen etwa 200 dazu. Zum Vergleich: Benzin gibt es nur an rund 14.500 Tankstellen, dafür mit einheitlichen Zapfpistolen.

Und während Elektro-Autos eine Förderung des Bundeswirtschaftsministeriums erhalten, die 2020 um 50 Prozent erhöht

Bei Seat Mó entsteht ein Helm mit integriertem Bremslicht zur Ergänzung der Fahrzeugleuchte

und bis 2024 verlängert wurde, findet sich in der BafA-Liste kein einziges Kraftrad! Förderfähig sind allein Autos. Deshalb kritisieren Fachleute seit Jahren, dass in der Bundesrepublik für Zweiräder kaum begleitende Politik, ja nicht einmal eine koordinierte Statistik existiert. Das ist umso weniger verständlich, als Zweiräder energiephysikalisch die effektivere Lösung darstellen und im engen Stadtverkehr sinnvoller als Geländewagen sind.
Daher führten 2016 als erste Städte München und Regensburg eine kommunale Förderung ein. Inzwischen fördern viele Kommunen den Kauf von Zweirädern – darunter Böblingen, Bremen, Erlangen, Frankfurt/Main, Karlsruhe, Mainz oder Würzburg. Über die regionalen Möglichkeiten informiert die Gemeinde oder der örtliche Händler.

Hat die individuelle Mobilität mit Krafträdern durch den neuen Führerschein und die Corona-Pandemie 2020 bereits Bedeutung gewonnen, dürfte sie durch zunehmende Urbanisierung und Parkraummangel noch attraktiver werden. Diese Entwicklung beschleunigen internationale Kooperationen ebenso wie die Themen künstliche Intelligenz und Konnektivität. Schon jetzt sind die Fahrzeuge mit ihren Herstellern sowie Drittanbietern vernetzt, und das bordeigene Bluetooth-Netz integriert die Fahrerausstattung.

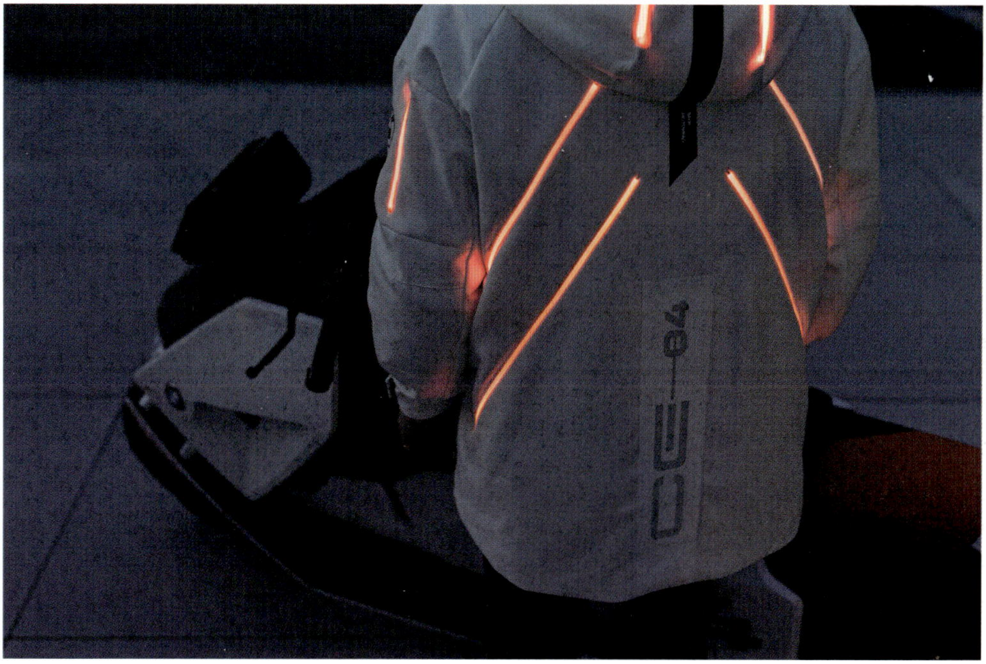

Bei BMW sollen Leuchtelemente der Jacke die Sicherheit erhöhen, integriert ins Bluetooth-Netz

Auf Gebrauchtmotorräder spezialisierte Händler bieten eine große Auswahl aller Marken

Alles außer Erstbesitz

Für Fahranfänger oder Wiedereinsteiger bieten Gebrauchtfahrzeuge eine gute Option. Der Markt präsentiert sich vielfältiger denn je, und viele Angebote weisen nur geringe Laufleistungen auf.

Viele Jugendliche verkaufen nach zwei Jahren ihr Leichtkraftrad zu Gunsten des ersten Autos. Die heute so große Angebotsbreite dieser Klasse resultiert aus der umfassenden Neuregelung von 1996. Damals erfolgte erstens nach einer EU-Richtlinie die Erweiterung auf nun übliche 125 ccm und 11 kW Leistung. Und zweitens berechtigte von da ab ein vor 1980 erworbener Autoführerschein zum Fahren eines Leichtkraftrads. Dieser umfasste zuerst nur Kleinkrafträder bis 50 ccm Hubraum, bevor der deutsche Sonderweg von Leichtkrafträdern bis 80 ccm folgte, und 1996 schließlich die 125er ihren Aufschwung nahmen.

Die EU-Definition seit 2013

Doch erst seit 2013 dürfen unter 18-Jährige mit dem Leichtkraftrad schneller als 80 km/h fahren. Deshalb können ältere Fahrzeuge auf diese Höchstgeschwindig-

Ungedrosseltes Kleinkraftrad: Deutsche Spezialität waren früher Maschinen wie diese Zündapp KS 50 Super Sport

keit gedrosselt sein. Sie dürfen selbstverständlich genutzt werden, beschränken sich aber mehr als erforderlich. Umgekehrt kannten andere europäische Länder wie Italien oder Frankreich schon länger Leichtkrafträder bis 125 ccm, die teilweise ohne Leistungsbeschränkung definiert waren. Solche kamen über EU-Zulassung oder Einzelimporte ebenfalls auf den deutschen Markt, gedacht für Inhaber des Motorradführerscheins. Den Höhepunkt dieser Phase national unterschiedlicher Definitionen markiert die italienische Cagiva Mito 125 mit bis zu 25 kW (34 PS), 150 km/h Spitze und einem aufregenden Design von Massimo Tamburini, der auch die legendäre Ducati 916 schuf. Dieser Flitzer befindet sich an der Schwelle zum Klassiker. Doch so schön die Maschine wirkt, solche Gebrauchtangebote sind für Führerschein A1 und B196 nicht geeignet!

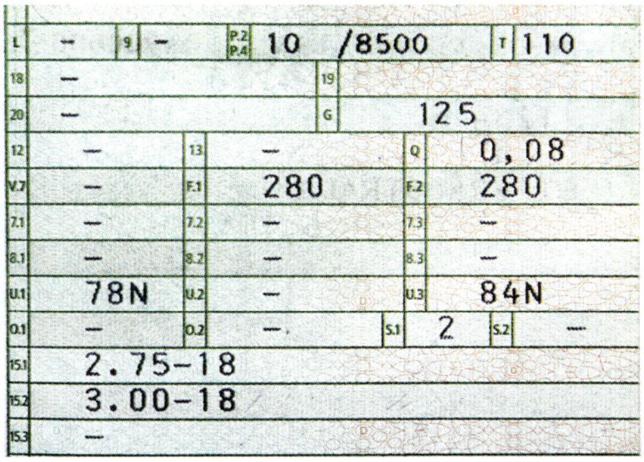

L	–	9	–	P.2 P.4	10 /8500	T	110
18	–	19					
20	–	G	125				
12	–	13	–	Q	0,08		
V.7	–	F.1	280	F.2	280		
7.1	–	7.2	–	7.3	–		
8.1	–	8.2	–	8.3	–		
U.1	78N	U.2	–	U.3	84N		
0.1	–	0.2	–	S.1	2	S.2	–
15.1	2.75-18						
15.2	3.00-18						
15.3	–						

Die Zulassungsbescheinigung Teil I zeigt unter P.2: Nennleistung, T: Höchstgeschwindigkeit, G: Leermasse, Q: Leistungsgewicht

Gemäß der heute gültigen Definition nach dem Leistungsgewicht von maximal 0,1 kW/kg stehen in der Zulassungsbescheinigung Teil I unter Punkt »P.2« die Nennleistung, unter »G« die Leermasse und unter »Q« das Leistungsgewicht. Die

Ungedrosseltes Leichtkraftrad: Höhepunkt der unterschiedlichen Definitionen war die schnelle Cagiva Mito 125

historische Entwicklung führt also zur mitunter verwirrenden Unterscheidung von gedrosselten und ungedrosselten Kleinkrafträdern sowie gedrosselten und ungedrosselten Leichtkrafträdern.

Im ersten Schwung der Leichtkrafträder lag Ende der 1990er Jahre der Chopper Yamaha XV 125 an der Spitze der Verkaufshitparade, denn sein stilechter V-Zweizylinder erregte Aufmerksamkeit in dieser Hubraumklasse. Ähnlich wirkungsvoll platzierte Honda den Cruiser VT 125 Shadow bis 2006 und die Enduro XL 125 Varadero bis 2013. Aktuell bietet nur noch die südkoreanische Hyosung GV 125 Aquila zwei Zylinder, die seit 1999 gefertigt und weiterentwickelt wird.

Topseller: Die österreichisch-indische KTM 125 Duke führt seit Jahren die Hitliste an

Entsprechend überwiegen am Gebrauchtmarkt deutlich die Einzylinder. Seit Jahren dominiert die in Indien gefertigte Österreicherin KTM 125 Duke die Zulassungsstatistik, gefolgt von der 2014 erschienenen Yamaha MT-125. Andere Erfolgsmodelle jüngerer Zeit sind Honda CBF 125, Suzuki GSX-S 125 oder auch die Enduro Beta RR 4T 125. Bei den Leichtkraftrollern verkörpert die Stilikone Vespa mit weitem Abstand das Topmodell, gefolgt von ihrer

Zwei Zylinder: Die Yamaha XV 125 verkaufte sich 1998–2001 am besten in dieser Klasse. Damals durften Leichtkrafträder für 16-Jährige in Deutschland aber nur 80 km/h schnell sein

Seit 2018 am Markt: Die Suzuki GSX 125 nutzt das Image ihrer großen Schwestern

Erfolg aus Japan: Die Yamaha MT-125 überzeugt seit 2014 deutsche Käufer

großrädrigen Schwester Piaggio Liberty aus gleichem Haus. Die japanischen Roller Honda SH 125 und Yamaha N-Max 125 platzieren sich solide dahinter. Rangieren derartige Fahrzeuge über so viele Jahre in der Publikumsgunst weit vorne, spricht das für ihre Qualität und den Service. Denn umgekehrt verbreiten sich schlechte Erfahrungen mit diversen Billigangeboten schneller denn je.

Ikone: Neu oder gebraucht ist die Vespa der beliebteste Leichtkraftroller in Deutschland

Augen auf beim Kauf

Gute Maschinen können also Jahrzehnte zuverlässig funktionieren, ordentliche Pflege vorausgesetzt. Doch schwinden bei älteren Fahrzeugen die erhältlichen Ersatz- und Verschleißteile. Entgegen der landläufigen Meinung existiert nämlich keine Vorratspflicht über zehn Jahre oder eine ähnliche Regelung. Eine gesetzliche Garantie gibt es ausschließlich als Bestandteil der sogenannten Mängelfrist im Rahmen der Gewährleistung, die in Deutschland und den meisten EU-Staaten zwei Jahre beträgt. Daher birgt zunehmendes Alter fast automatisch wachsende Risiken, bevor ein anerkannter Klassiker wieder Besserung verspricht (siehe dazu Kapitel Oldtimer).

Wer also ein Gebrauchtangebot ins Auge fasst, sollte sich vom ersten Eindruck nicht blenden lassen. Zum Besichtigungstermin gehören als Standardüberprüfungen das Eigentumsverhältnis, die Fahrzeugnummer am Rahmen und in den Papieren, das Modell samt Leistungsvariante sowie Baujahr und die Erstzulassung. Je nach Alter sind leichte Beschädigungen oder kleine Umbauten wahrscheinlich und als solche kein Problem. Doch sollte der Verkäufer erläutern, welche Komponenten weshalb verändert sind und ob diese eingetragen wurden. Grobe Schleifspuren, insbesondere am Rahmen, legen dagegen harten Einsatz oder Unfälle nahe, sodass man lieber die Finger davon lässt. Undichtigkeiten an Motor, Kühlsystem oder Kraftstoffanlage weisen auf hohe Laufleistung oder nachlässige Pflege hin, wozu ein Blick unter die Sitzbank weitere Eindrücke vermittelt.

Wurde die Maschine längere Zeit nicht bewegt und für ihre Einlagerung nicht vorbereitet, leiden Tank und Benzinzufuhr,

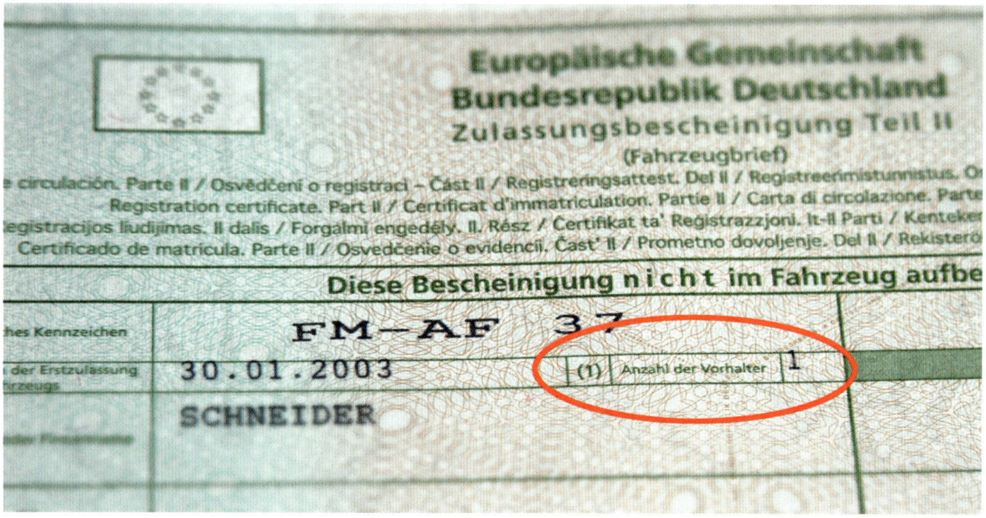

Die EU-Zulassungsbescheinigung Teil II nennt Kennzeichen, Erstzulassung, Zahl der Vorbesitzer und aktuellen Eigentümer

Geprüfte Gebrauchte: Im Fachhandel findet man Fahrzeuge mit Garantie

Batterie, Bremsanlage und Reifen. Solche Standschäden verursachen genauso Probleme wie Stürze oder Rangierfehler, sind aber weniger offensichtlich. Auch viele Vorbesitzer eines Fahrzeug lassen Qualitätsmängel oder zumindest wechselhafte Pflege vermuten. Die heutige Zulassungsbescheinigung Teil II bietet zwar nur Platz für einen Vorbesitzer, doch unter dem Fahrzeugkennzeichen nennt die Zeile B ihre Gesamtzahl. Gehört die Maschine noch dem Erstbesitzer, steht hier eine Null.

Ein Fahrzeug mit Gebrauchtgarantie aus dem Fachhandel mag für den Neuling die empfehlenswertere Option darstellen, doch muss ein Privatkauf nicht schlechter sein. So oder so kann als vertrauensbildende Maßnahme ein erfahrener Motorradkenner hilfreich zur Seite stehen. Außerdem bieten technische Prüfstellen und Werkstätten professionelle Gebrauchtchecks an.

Kurzcheck

- Verkäufer gleich Eigentümer?
- Fahrzeugnummer am Rahmen identisch mit den Papieren?
- Modell, Baujahr, Leistungsvariante?
- Jahr der Erstzulassung?
- Zahl der Vorbesitzer ?
- Beschädigungen, Umbauten, Eintragungen?
- Funktion von Elektrik, Bremsen, Reifen?
- Undichtigkeiten an Motor, Kühlsystem, Benzinzufuhr?
- Kilometerleistung, glaubhafter Tachostand?
- Kundendienstheft, Fachservice?
- Längere Standzeit, mögliche Probefahrt?
- Nächste Hauptuntersuchung?

Zeitmaschinen.

Gefallen Ihnen klassische Fahrzeuge, aber ein schicker Wagen ist nunmal nicht drin? Dann bieten zweirädrige Oldtimer die schöne Alternative.

Hierzulande kaum bekannt, war die kleine Gilera in Italien lange das meistgekaufte Motorrad, gebaut in Versionen von 98 bis 200 ccm

GILERA
150 SV ARCORE

Eine Kindheitserinnerung an Großvaters altes Motorrad in der Scheune oder der eigene heiße Jugendtraum oder einfach der Wunsch nach einem schönen Oldtimer: Zweiräder bieten große Gefühle für kleines Budget. Ihre überschaubare Technik ohne rostende Karosserie birgt weniger Risiken als ein Auto, sie begnügen sich mit dem Stellplatz eines Fahrrads, und einfache Handgriffe lassen sich schnell beherrschen. Sogar eine erste Restaurierung können durchschnittlich begabte Hände wagen.

Einfach auswählen

Ein simpler Zweitakter verlangt nämlich weniger technisches Verständnis als ein Smartphone. Maschinen wie DKW RT 125, MZ ES 125 oder Hercules K 125 prägten den bekannten Slogan von dem Motor mit nur drei bewegten Teilen. Gerade aufgrund ihrer Schlichtheit gilt die 1939 vorgestellte DKW als meistkopiertes Motorrad der Geschichte, das selbst Harley-Davidson nachbaute. Mit exakt 123 ccm Hubraum, nur rund 4,5 kW (6 PS) Leistung und einem Leergewicht von etwa 90 Kilogramm passt dieses alte Volksmotorrad locker zu den Bedingungen der neuen Fahrerlaubnis B196. Diesen Samen mehrte das Motorradwerk Zschopau zu hunderttausenden Fahrzeugen, die in über 70 Länder exportiert wurden. Die so erstarkte MZ ES 125 leistet knapp 7 kW (8,5 PS) und erreicht etwa 90 km/h Spitze. Auch wenn die sächsische Fabrik nicht mehr existiert,

Einfacher als ein Bentley: Die englische BSA Bantam von 1948 zeigt das Museum Augustusburg als Derivat der DKW RT 125

Familienmitglied: Diese MZ ES 125 von 1964 befindet sich noch immer bei den Erstbesitzern im Einsatz

Achtung: Leichte und starke Zweitakter können das erlaubte Leistungsgewicht von 0,1 kW pro Kilogramm überschreiten kümmern sich weiter Werkstätten und Zubehörhersteller um den Fortbestand der DDR-Fahrzeuge. So betont Fachmann Werner Seelig in Berlin: »MZ sind sehr langlebige und robuste Maschinen. Das zeigt sich schon daran, dass es noch so viele gibt. Laut KBA-Statistik sind aktuell über 90.000 MZ zugelassen! Und letztlich ist ein restaurierter Oldtimer in vielen Komponenten jünger als ein gängiges Gebrauchtmotorrad: Bremsen, Kupplung, neue Elektrik – meist umgerüstet auf 12 Volt samt elektronischer Zündung – und so weiter.« Heute gibt es mehr Ersatzteile und technische Verbesserungen denn je, und eine MZ lässt sich nach wie vor im Alltag nutzen. Gleiches gilt für westdeutsche Fabrikate wie Hercules oder Zündapp. Doch ist zu beachten, dass sportliche Zweitakter ab den 1970er Jahren oft mehr als die erlaubten 11 kW (15 PS) leisten und das zulässige Leistungsgewicht von 0,1 kW pro Kilogramm überschreiten. In der Vielfalt einstiger deutscher Hersteller wie Ardie, NSU oder Victoria findet sich auf jeden Fall das Passende. Und besonders mit einem der millionenfach gebauten Sachs-Motoren fährt eine Zeitmaschine auf solidem Weg.

Sonne tanken

Noch bunter schüttet Italien sein Füllhorn aus, seit jeher mit vielen Viertakt-Modellen in dieser Klasse. Diese passen meistens ins

Langlebig: Hersteller Moto Guzzi feiert 2021 sein 100-jähriges Bestehen, das die Stornello 125 mit prägte

definierte Leistungsgewicht, doch können hier Varianten des gleichen Modells die Hubraumgrenze überschreiten: Denn Italien erlaubt erst oberhalb von 150 ccm die Nutzung der Autobahn, weshalb aus 125ern häufig zusätzlich größere Schwesternodelle bis etwa 200 ccm erwachsen. Den Heimatmarkt der legendären Vespa befruchtet eine blühende Motorradlandschaft mit unzähligen Herstellern, darunter Weltmeistermacher wie Aprilia, Moto Guzzi, F.B. Mondial oder MV Agusta. Für den interessierten Einsteiger in Deutschland bieten auch hierzulande erfahrene Spezialisten und engagierte Klubs hilfreiche Unterstützung. Zwar sollten technische Leckerbissen wie eine Ducati 125 Sport mit Königswelle nur Kenner zu sich nehmen. Doch schlichte Maschinen wie eine Gilera 125 Strada oder Moto Morini 125 Country existieren über Jahrzehnte und brummen unkompliziert. Oder träumen Sie von Maserati? Die Nobelmarke baute nämlich von 1952 bis 1960 tatsächlich Motorräder, wie die Maserati 125 T2.

Noch exotischer erschienen anfangs Fahrzeuge aus dem Land der aufgehenden Sonne. Als 1948 Soichiro Honda seine Firma gründete, ahnte niemand etwas von dem jetzigen Imperium. Yamaha präsentierte sich 1964 erstmals auf der Kölner Messe. Kawasaki fand 1969 mit Detlev Louis seinen Generalimporteur in Ham-

Kein Big Twin: Auch von Harley-Davidson gab es 125er – im Bild die Hummer aus den 50er-Jahren

Bei guter Vorbereitung kann auch eine mehr als 50 Jahre alte 125er für größere Touren oder Motorsport-veranstaltungen – hier die Lang-streckenrallye Milano-Taranto – ein-gesetzt werden

burg. Und Suzuki flog erst ab 1971 über den Frankfurter Flughafen nach Südhessen ein. Doch längst haben die Japaner das meistverkaufte Kraftfahrzeug der Geschichte etabliert: die Honda Super Cub mit bislang über 100 Millionen Exemplaren! Ein anderer Dauerbrenner von Honda ist der Einzylinder-Viertakter aus der SL 125. Gebaut seit 1970, befeuert dieser Motor mit seinen zahlreichen Lizenzausführungen Millionen von Motorrädern rund um den Globus. Sein größter chinesischer Lizenznehmer Jialing bestückt viele der luftgekühlten Leichtkrafträder, die heutzutage beim Motorradhändler zu sehen sind. Für japanische Oldtimer finden sich zwar Originalteile schwerer als für

Exklusiv: Die Ducati 125 Sport ist die einzige der Klasse mit einer Königswelle für die obenliegende Nockenwelle

Zwilling: Die Yamaha YL 100 Twin Jet von 1965 bietet mit ihrem Zweizylinder-Zweitakter ein seltenes Vergnügen

andere Klassiker, doch auch für sie gibt es nachgefertigte Komponenten. Und allein die schiere Produktionsmenge der Fahrzeuge löst einige Probleme.

Quellen der Freude

Interessenten empfiehlt sich zunächst ein Besuch mit der ganzen Familie in einem der schönen Motorradmuseen, wie Augustusburg oder Neckarsulm. »Das Deutsche Zweirad- und NSU-Museum zeigt die Entwicklung des motorisierten Zweirads anhand bekannter Hersteller von Adler bis Zündapp. Weiterhin haben wir Sonderausstellungen, Fachvorträge und pädagogisch wertvolle Angebote«, verweist Museumsleiterin Natalie Scheerle-Walz in Neckarsulm sogar auf eine Museumspädagogin. Hinterher ermöglicht der digitale Einblick im Internet die gezielte Suche nach Gebrauchtfahrzeugen auf den bekannten Plattformen, bis hin zu praktischen Video-Tutorials für Reparaturen. Und stets ganz gemütlich schwelgen lässt sich in den Fachmagazinen mit ihren großen Fotoberichten. Dazu gibt es gleich mehrere deutsche Publikationen, darunter das informative Nachschlagewerk »Oldtimer-Markt – Preise für klassische Motorräder«, das mit den Experten von Classic Data erstellt wird. Denn ein fahrfähiges Gerät kann schon für unter 1000 Euro auftauchen, während eine professionell restaurierte Maschine auf dem Niveau eines Neufahrzeugs liegt. Gesuchte Sammlerstücke sprengen dagegen leicht die Haushaltskasse, wie bei einer Versteigerung 2012 jene Ducati 125 Moto Giro für über 22.300 Euro zeigte.

Die Klassikerszene pflegt ihr Hobby weltweit, mit Treffen, Märkten oder organisierten Ausfahrten. Dabei dient der liebevolle Fahrzeugservice als meditative Entspannung, zelebriert beim Klub oder in der heimischen Garage. Denn alte Fahrzeuge brauchen zwar mehr Zuwendung, doch keine Sorge: Kleine Arbeiten gestalten sich einfacher, als ein schwedisches Regal aufzubauen.

Millionär: Der Motor aus der Honda SL 125 von 1970 befeuert noch heute unzählige Motorräder

SUPER SHIELD

Fahrer-ausstattung

Kälte, Nässe und Fahrtwind, aber auch sommerliche Hitze sind die ständigen Begleiter des Motorradfahrers. Jeder, der ein Zweirad bewegt, wird irgendwann in einen Regenschauer geraten oder einen Temperatursturz erleben. Doch für viele ist die direkte Auseinandersetzung mit den Naturgewalten untrennbar mit dem Erlebnis Zweirad verbunden. Denn mit der richtigen Ausrüstung kann sich der 125er-Fahrer der Herausforderung stellen.

Für jeden Einsatzzweck bietet der Markt passende Motorradbekleidung. Wer tagein tagaus und bei jedem Wetter zur Arbeit pendelt, der benötigt eine andere Ausrüstung als jemand, der nur bei Sonnenschein zum Baggersee fahren möchte. In jedem Fall sollte die Ausrüstung eine angemessene Schutzwirkung bieten – nicht nur vor ungastlichem Wetter, sondern auch vor den Folgen eines möglichen Sturzes. Der Gesetzgeber schreibt außer dem Tragen eines geeigneten Helmes keine weitere Schutzkleidung vor. Im eigenen Interesse sollte jeder Motorradfahrer – auch der einer 125er – jedoch stets gut geschützt am Straßenverkehr teilnehmen. Oft gibt zudem bereits die Art des Motorrads den Stil der Bekleidung vor. Funktionalität und Stil bestimmen, welches Outfit zu welchem Motorrad passt. Am Ende entscheidet der persönliche Geschmack über die Auswahl der individuellen Motorradbekleidung.

Fahrer eines Naked- oder unverkleideten Retrobikes sind mit klassischem Leder und auch mit einem Touren-Outfit aus Textilmaterialien perfekt angezogen. Ein Integralhelm bietet größtmögliche Sicherheit. Wird das Nakedbike vorrangig für kurze Fahrten eingesetzt, kann es auch eine Motorradjeans sein. Kurz: Zu einem Nakedbike passt beinahe alles.

Da ein Sportbike gern dynamisch bewegt wird, eignet sich am besten eine sportliche Lederkombi als Universalkleidungsstück. Beim Einsatz als schnödes Alltagsgefährt darf es selbstverständlich auch ein Tourendress sein – am besten eng anliegend, denn ein Sportler soll dem Wind ja wenig Widerstand leisten.

Endurofahrer vertrauen meist auf lässige Textilkleidung, die beim Spielen im Gelände nicht zwackt und darüber hinaus Abschirmung vor Nässe bietet. Passende Endurohelme erinnern an visierlose Jethelme, verfügen jedoch über einen Kinnschutz. Dazu kann eine Motocross-Brille getragen werden. Supermoto-Freunde hingegen bedienen sich sowohl im Sportler- als auch im Enduro-Regal.

Auf einem Chopper oder Cruiser trägt man am besten eine traditionelle Lederjacke in Kombination mit Motorradjeans oder Lederhose. Wer Regenschutz benötigt, ist auch mit einer klassisch geschnittenen Textiljacke gut bedient. Offene Jethelme sind beliebt, sie bieten aber nicht die Prävention eines Integralhelmes mit Kinnteil.

Rollerfahrer verzichten oft auf jegliche Schutzkleidung und fahren in Straßenklamotten. Diese bieten naturgemäß keinerlei Schutzfunktion, weder bei Regen noch bei Unfällen. Daher sollte auch auf dem Scooter dringend eine (Textil-)Jacke aus dem Zweiradzubehör als auch eine Motorradjeans getragen werden. Und Jethelme sind zwar lässig, aber weniger sicher.

Was bietet der Markt?

Zweifellos wichtigster Grund zum Verwenden spezieller Motorradkleidung ist die Schutzwirkung. Trägt ein Leichtkraftradfahrer lediglich eine Jeans oder normale Straßenkleidung, so können bei einem Sturz gravierende Verletzungen entstehen – selbst bei geringen Geschwindigkeiten. Außerdem soll die Bekleidung Schwitzen verhindern und vor Kälte schützen. Der sogenannte Windchill-Effekt, das Auskühlen durch Fahrtwind, darf hierbei nicht unterschätzt werden. Fährt man bei +10 °C mit 60 km/h, fühlt sich das an wie ca. 5 °C, sinkt die Temperatur auf 5 °C, so zittert man in der Frostzone bei knapp -2 °C. Eine geeignete Ausrüstung ist daher unbedingt erforderlich. Betrachten wir die einzelnen Teile der Bekleidung einmal im Detail.

Jacke und Hose

Ein Motorrad-Outfit muss viele Kriterien gleichzeitig erfüllen. Anders als normale Straßenkleidung muss es seinen Träger vor den Folgen unfreiwilliger Bodenberührungen schützen. Straßenkleidung und erst recht kurze Hosen und Shirts fallen auf dem Motorrad grundsätzlich aus – viel zu unsicher und selbst bei Hitze ein absolutes No-Go. Im Fall eines Unfalls führen sie zu tiefen Schürfwunden oder gar offenen Brüchen. Jacke und Hose werden auf dem Motorrad Kälte und Nässe ausgesetzt und sollen diese möglichst abhalten. Im Sommer soll frische Luft zirkulieren, ausreichende Bewegungsfreiheit muss gewährleistet sein, ohne dass das Material an Armen und Beinen im Wind flattert, und schick aussehen soll die Kombination ebenfalls. Es verwundert also nicht, dass kein Outfit alle Kriterien gleich gut abdecken kann. Jeder Anzug kann nur ein Kompromiss sein, der oft nur ein oder zwei der Kriterien perfekt, die anderen zum Teil oder gar nicht erfüllt.

Bei der Anschaffung eines Motorrad-Outfits bestehend aus Jacke und Hose muss zunächst einmal grundsätzlich zwischen Textil und Leder als Basismaterial entschieden werden. Textilkombis aus Cordura, Kevlar und dem feuerhemmenden Nomex verfügen fast immer über eine wasserdichte Klima-Membran, was sie zum problemlosen Ganzjahreseinsatz befähigt. Manchmal werden sie mit per Zipper oder Druckknöpfen befestigtem Thermofutter kombiniert, das bei höheren Temperaturen herausnehmbar ist. Die Taschen der eher weit geschnittenen Textilkombis sind groß und damit im Alltag sehr praktisch. Ihr Tragekomfort ist – auch mit integrierten Protektoren – unerreicht, der lockere

Eine für alles: Textilkombis wie die Vanucci-HiRider-III decken das gesamte Einsatzspektrum auf dem Zweirad ab, vom sommerlichen Ausflug bis zur Regenfahrt

Schnitt erlaubt zudem das Tragen dicker Pullover unter der Jacke. Außerdem sind die Textilmaterialien deutlich reiß- und reibfester als übliche Straßenkleidung. Für jeden, der mit seinem Leichtkraftrad täglich zur Arbeit oder auch in der kalten Jahreszeit fährt, stellt eine Textilkombi die ideale Funktionsbekleidung dar. Nicht jedem gefällt das oft pragmatische Design der Textilbekleidung. Eine schicke Alternative bieten Motorradjeans, die auch in diese Rubrik fallen. Sie sind nur selten wasserfest, verzichten manchmal auf Protektoren und lassen sich optisch kaum von normalen Jeans unterscheiden. Wer nur kurze Strecken fährt, trägt mit einer Motorradjeans eine abriebfeste Alternative zur Straßenhose.

Trotz aller Fortschritte bei der Entwicklung von stabilen Textilmaterialien stellt Leder noch immer das Optimum dar, wenn es um Abriebfestigkeit geht. Lederkombis sind meistens eng geschnitten, Stretcheinsätze sorgen für gute Bewegungsfreiheit. Da Lederkombis über nur wenige, kaum nutzbare Taschen verfügen, gibt es beim Alltagskomfort Punktabzüge. Regenschutz bieten zudem die wenigsten Lederarten, die Verwendung eines zusätzlichen Regenüberziehers ist ratsam. Außerdem lassen sich nur begrenzt dicke Unterziehpullover mit einem sportlichen Lederanzug kombinieren. Protektoren sind meistens integriert, ganz schnelle Fahrer können Knieschleifer anbringen. Im Handel sind übrigens auch einteilige Lederkombis erhältlich, die vor allem auf der Rennstrecke Pluspunkte einfahren. Im Alltag ist der Zweiteiler, der aus Jacke und einer per Reißverschluss anzipbaren Hose besteht, weit praktischer und dabei fast genauso sicher. Vorteile bringt Leder also vor allem für Sportfahrer. Für den tagtäglichen Weg bleibt wasserfestes Textil die erste Wahl. Vor allem, wenn Belüftungsmöglichkeiten und ein herausnehmbares Innenfutter vorhanden sind, bietet Textilbekleidung auch im Sommer einen idealen Kompromiss.

Bereits in der Fahrschule wird erwartet, dass Motorrad-Neulinge Protektoren an Rücken, Schultern und Ellenbogen tragen. Auch im Alltag sind diese nützlichen, meist unauffällig in die Bekleidung integrierten

Sicher und universell einsetzbar: Zweiteiler aus Leder wie der Fastway-Sport-Women von Louis passen perfekt zu sportlichen Leichtkrafträdern

Alpinestars bietet mit der Tech-Air 5 eine Airbag-Weste an, die die unter jeder gut sitzenden Textiljacke getragen werden kann

Sturzpolster von hohem Nutzen. Protektoren können sowohl in die Jacke als auch in die Hose integriert sein und sollen so die gefährdeten Körperstellen vor den Folgen eines Sturzes schützen. Sollten die Schützer nicht automatisch zum Lieferumfang von Jacke oder Hose zählen, so lassen sich Einsteckprotektoren oft nachrüsten. Ebenfalls erhältlich sind separate Protektoren, die umgeschnallt werden und so kaum noch zum Verrutschen neigen, sogenannte Humps, Rückenhöcker, die das Genick vor Überstreckung bewahren oder unter der Jacke zu tragende Protektorenhemden. Protektoren sind beim Fahren nicht zwingend vorgeschrieben. Vor dem Gesetz muss ein Sturzpolster aber entweder nach der Norm EN 1621-1 (für Gelenkprotektoren) oder nach EN 1621-2 (für Rückenprotektoren) geprüft und zugelassen sein. Wer Wert auf größtmöglichen Schutz legt und nicht so sehr auf die Kosten achten muss, der kann sich ein Airbag-System zulegen. Anders als beim Auto werden die Luftsäcke nicht mit dem Fahrzeug, sondern in einer Weste integriert. Am Markt sind derzeit zwei unterschiedliche Systeme verfügbar: Die

Lederjacken wie die Highway-1-Sports-II aus dem Programm von Louis haben sich seit jahrzehnten als Fahrerausstattung bewährt

mechanische Airbag-Weste ist über eine Reißleine mit dem Motorrad verbunden, bei der elektronischen Variante geben Bewegungssensoren das Signal zur Auslösung. In beiden Fällen bieten schlagartig in Sekundenbruchteilen aufblasende Luftkammern das Nonplusultra moderner Sicherheitstechnologie.

Regenkombi

Die wasserdichte Regenkombi hält Regen von der Motorradkleidung fern, wenn diese nicht ausreichend wasserfest ist. Daher ist es wichtig, dass die Regenkleidung weit genug ausfällt, um locker über Jacke und Hose zu passen und die Bewegungsfreiheit nicht einzuschränken. Flattern wird die Kunststoffhaut in jedem Fall, aber bei Nässe dürfte jeder vernünftige Fahrer sein Tempo reduzieren. Regenanzüge sind als Ein- oder Zweiteiler erhältlich. Als freundlichen Nebeneffekt sorgen Regenkombis für ein zusätzliches Wärmepolster, da sie den Fahrtwind abhalten. Einteilige Anzüge bieten einen besseren Schutz gegen eindringende Feuchtigkeit, sind aber deutlich komplizierter anzuziehen – vor allem bei Sturzregen am Straßenrand. Übrigens ist es durchaus clever, Regenbekleidung in grellen Farben anzuschaffen, da so die Sichtbarkeit des Fahrers signifikant verbessert wird. Eine komplette Regenausstattung umfasst weitere Details, etwa Überziehhandschuhe, Regenüberstiefel oder Regengamaschen. Je nach Qualität der übrigen Bekleidung kann dieses Zubehör bei feuchtem Wetter sinnvoll sein. Ein umsichtiger Fahrer hat seine Regenbekleidung auf jeder größeren Fahrt im Gepäck.

Nierengurte

Ein um den Bauch geschnallter Nierengurt schützt den Motorradfahrer zuverlässig vor Zugluft und Kälte an den empfindlichen Nieren. Er beugt Verspannungen der Rückenmuskulatur vor und sorgt damit für Wohlbefinden vor allem bei längeren Fahrten. Die Eigenschaft, die Nieren vor Erschütterungen und Vibrationen abzuschirmen, kann der Corsage entgegen vieler Gerüchte allerdings nicht zugeschrieben werden. Dennoch kann der Nierengurt eine lohnende Investition sein, egal ob atmungsaktiver Schönwetter-Gurt oder mehrlagiger Winter-Kandidat. In jedem Fall erfüllt der Nierengurt seine Funktion am besten, wenn er über der Unterbekleidung und unter der Jacke getragen wird.

Als besonders praktisch im Alltag haben sich spezielle, verstärkte Motorrad-Sneaker erwiesen – etwa die Vanucci-VC1-Air

Stiefel

Halbschuhe oder Sneaker eignen sich nicht zum Motorradfahren, Sandalen oder Flip Flops schon gar nicht. Nur mit mindestens halbhohem Schuhwerk werden Füße und Knöchel ausreichend geschützt. Denn diese sind neben Händen und Kopf im Falle eines Sturzes besonders gefährdet. Motorrad-Sportschuhe mit eingearbeiteten Verstärkungen sind schon besser als normale Straßenschuhe, können aber nicht mit der Robustheit eines Stiefels konkurrieren. Stabile Lederstiefel, die bis über die Waden reichen, sind daher das Mittel der Wahl. Sind diese Stiefel dann mit Stahlkappen, Knöchelpolstern und Schienbeinschutz ausgestattet, sind Füße und Unterbeine bestmöglich bekleidet. Eine Schaltverstärkung auf der Oberseite des Vorderfußes, die Fuß und Schuh vor den Spuren der Schaltvorgänge bewahrt, zählt zur Standardausstattung der meisten Motorradstiefel. Viele moderne Motorradschuhe sind zudem wasserdicht. Sie sind mit einer Membran ausgestattet und halten die Füße auch bei Regenfahrten trocken. Der dadurch gewonnene Komfort ist unbezahlbar. Auch wenn das Laufen in Motorradstiefeln nicht oberste Priorität hat, sollten sie bequem genug sein und

Seit Generationen bewährt: Auf langen Strecken und bei herbstlichen Temperaturen geht nichts über stabile Tourenstiefel aus Leder

ausreichend Beweglichkeit zulassen, um auch allen Anforderungen des Alltags zu genügen.

Handschuhe

Bei einem Sturz fällt ein Motorradfahrer in sehr vielen Fällen zuerst und mit kaum gebremster Geschwindigkeit auf die Hände, mit denen er sich im Reflex abstützen will. Daher gehören qualitativ hochwertige Motorradhandschuhe zum absoluten Muss beim Fahren. Egal ob auf der Sportmaschine oder auf dem Roller, egal ob weite Reise oder Fahrt zum Kiosk, Handschuhe sollten – genau wie der verpflichtend vorgeschriebene Sturzhelm – immer getragen werden. Bei der Wahl der richtigen Handschützer kommt es also zunächst einmal auf die Sicherheit an, aber auch Passform, Griffgefühl, Nässe- und Kälteschutz können entscheidende Kaufkriterien sein. Denn trotz stabiler Bauart müssen sich Gas, Kupplung und Bremse möglichst feinfühlig bedienen lassen. Übliche Straßenhandschuhe bieten übrigens kaum eine Panzerung gegen Abrieb und sind oftmals sogar gefährlich, da im Falle eines Sturzes Kunststoffmaterial in die Wunden gelangen kann. Nur spezielle Motorradhandschuhe schützen optimal. Perfekt geeignet sind Lederhandschuhe und Handschuhe aus speziellem Textilmaterial. Versehen mit einer Klimamembran halten sie die Hände trocken und je nach Ausführung und Fütterung auch warm. Spezielle Verstärkungen an den relevanten Stellen erhöhen die Abriebfestigkeit.
Bei Sommerhandschuhen sorgt eine partielle Perforierung für Durchlüftung. Hoch geschnittene Stulpen sind ebenfalls von Vorteil, sie können bei Regen unter dem Ärmel der Jacke getragen werden, um zu verhindern, dass Wasser in die Handschuhe läuft. Praktisch ist auch ein Visierwischer – eine Gummileiste am Zeigefinger bewährt sich zum Trocknen des Helmvisiers.

Niemals ohne Handschuhe fahren: Im Sommer reichen leichte City-Handschuhe

Klassische Tourenhandschuhe wie der Vanucci-CoolTouringIV schützen perfekt, halten warm und trocken

Funktionswäsche

Vor allem bei Kälte schützt Funktionswäsche vor Auskühlung. Anders als übliche Unterziehkleidung erfüllen spezielle Kunstfasern weitere Zwecke. Sie sorgen auch bei hohen Temperaturen für ein ausgeglichenes Körperklima. Sie regulieren die Körpertemperatur, indem sie die Feuchtigkeit auf der Haut verdunsten lassen und nach außen abgeben. So fühlt sich die Haut im Sommer wie im Winter immer trocken und warm an. Bei Kälte empfiehlt sich eine zweite Schicht aus Funktionsfasern, etwa Fleece oder ein Funktionsshirt. Wird darüber ein Fahreranzug aus Textil getragen, der über eine Klimamembran verfügt, lässt es sich auch bei kühlen Temperaturen auf dem Motorrad aushalten.

Für ein ausgeglichenes Körperklima auf längeren Touren oder im Winter ist Funktionswäsche wie die RVX-Light von Vanucci dringend zu empfehlen

Thermobekleidung

Wer mit seiner 125er im tiefsten Winter fahren möchte oder muss, der sollte sich Thermobekleidung zulegen. Denn die dick gepolsterten Spezialanzüge halten den Körper auch bei Minusgraden mollig warm. Wie beim Mehrschichtprinzip mit Funktionswäsche vereint der Frostschutz Thermofutter, ein isolierendes Luftpolster und eine wind- sowie wasserdichte Außenhaut. Thermoanzüge sind als einteiliger Overall oder als Jacke-Hose-Kombination erhältlich. Fast immer sind sie großzügig geschnitten und passen über normale Motorradbekleidung. Bei der Anprobe sollte daher überprüft werden, ob unter allen Bedingungen die volle Bewegungsfreiheit gewährleistet ist. Übrigens: Steigt das Thermometer über 5 °C, kann die spezielle Winterkleidung schnell zu warm werden.

Sonstiges

Unbedingt zu empfehlen ist ein Halstuch, egal ob bei Kälte oder im Sommer. Der Fahrtwind kühlt den empfindlichen Halsbereich sonst schnell aus. Halstücher aus Baumwolle saugen sich im Regen schnell mit Wasser voll, daher sind Schlauchtücher und Halswärmer aus Kunstfasern die bessere Alternative, um den Kragen abzudichten.

Bei Kälte haben sich Gesichtsmasken oder Sturmmasken bewährt. Motorradfahrer geht es nicht um Anonymität, sie wünschen sich vor allem einen warmen Kopf. Die Maske wird unter dem Helm getragen und hält Nase, Wangen und Kopf warm. Wer einen Helm ohne Visier bevorzugt, wird vielleicht eine separate Motorradbrille benötigen. Auch Skibrillen eignen sich zum Schutz der Augen. Nur wenige Brillen verfügen über Gläser aus Echtglas – hierbei unbedingt auf Sicherheitsglas bestehen.

Jet- oder Open Face-Helme wie die Modelle des britischen Herstellers Davida punkten mit ihrem Komfort und einem luftigem Fahrgefühl

Weil Motorradfahrer im Straßenverkehr manchmal übersehen werden, können zusätzlich an Jacke oder Hose angebrachte Reflektoren zudem für mehr Sichtbarkeit sorgen. Und Ohrstöpsel bieten zusätzlichen Komfort, weil sie starke Windgeräusche abschirmen.

Helme

Ein extrem wichtiger Beitrag zur Sicherheit auf dem Motorrad war die 1976 eingeführte Helmpflicht. Damit ist der Schutzhelm in Deutschland als einziges Sicherheitsbekleidungsstück gesetzlich vorgeschrieben. Ein geeigneter Kopfschutz soll Verletzungen am Schädel vorbeugen. Außerdem hält der Helm – je nach Modell – Nässe, Fahrtwind und Insekten ab.

Ideal für den Einsatz im Gelände: Niedriges Gewicht und großzügige Belüftung kennzeichnen Endurohelme, etwa den Nishua-Enduro-GT

Doch nach welchen Kriterien kauft man einen Motorradhelm?

Zunächst einmal sollte geklärt werden, welcher Helmtyp in Frage kommt und welcher Helm optimal zum eigenen

Als Retro-Integralhelm ist der Bell Bullitt – erhältlich etwa bei 24Helmets.de – von der Formensprache der 70er-Jahre inspiriert

Universaltalent Klapphelm: Beim Nishua-NFX-3 lässt sich das Kinnteil öffnen und nach oben klappen

Leichtkraftrad passt. Der Markt bietet Integralhelme mit Kinnschutz, zu öffnende Klapphelme, Crosshelme ohne Visier, Jet- bzw. Open Face-Helme ohne Kinnschutz und Halbschalenhelme/Braincaps, bei denen selbst die Ohren nicht von der Helmschale bedeckt sind. Jethelme sind einfacher in der Handhabung und sehr bequem, bieten aber bei weitem nicht den vollen Schutz eines Integralhelmes – vor allem im Bereich des Gesichts. Im Zweifel ist daher ein Full Face- (Integral-) Helm die bessere Alternative.

Um eine optimale Schutzfunktion zu erreichen, muss ein Helm richtig passen. Einen ersten Anhaltspunkt gibt der Kopfumfang. Zum Bestimmen des Umfangs kann vor dem Kauf mit einem Maßband um die Stirn, über die Ohren bis zum Hinterkopf nachgemessen werden. Die Helmgröße entspricht in vielen Fällen dem ermittelten Wert. Allerdings fallen Helme unterschiedlich aus, was eine gründliche Anprobe unerlässlich macht. Der Helm muss fest sitzen, darf nicht drücken und die Polsterung sollte am Scheitel aufliegen. Visier und Kinnriemenverschluss sollten einfach zu bedienen sein. Es werden Helme mit unterschiedlichen Verschlüssen angeboten. Jeder sollte für sich entscheiden, ob er einen Doppel-D- oder einen Klickverschluss bevorzugt. Brillenträger müssen überprüfen, ob die Brillenbügel problemlos zwischen Kopf und Polster passen. Manche Visiere verfügen über eine UV-Schutzfunktion und schützen so vor Sonnenbrand.

Ideal ist es, den Helm testweise auf dem Motorrad zu tragen, um den Sitz bei Fahrtwind, den Luftaustausch bei einem geschlossenen Visier und die Intensität der Windgeräusche einschätzen zu können. Helme in hellen und leuchtenden Farben erhöhen übrigens die Sicherheit, da sie von anderen Verkehrsteilnehmern besser im Verkehr wahrgenommen werden.

Um zu klären, welcher Helm in Deutschland zugelassen ist, hilft zunächst ein Blick auf das Gesetz. Paragraph 21a der Straßenverkehrsordnung (StVO) schreibt vor, dass »während der Fahrt ein geeigneter Schutzhelm« zu tragen ist. Mindestanforderung ist also ein Helm für Motorräder. Reit-, Fahrrad- oder Bauarbeiterhelme scheiden von vorneherein aus. Wer eventuellem Ärger mit Versicherungen oder bei der Einreise in europäische Nachbarstaaten vermeiden möchte und wer außerdem Wert auf zusätzliche verbriefte Sicherheit legt, der achtet auf einen Helm, der nach der aktuell gültigen Norm ECE-22/05 geprüft ist und über ein entsprechendes Etikett z. B. im Innenfutter oder am Kinnriemen verfügt. Geprüfte Helme kosten meistens etwas mehr als Kopfschützer ohne Etikett, sind aber erste Wahl für das vielleicht wichtigste Detail der eigenen Schutzkleidung.

Pflegetipps für Motorradkleidung

Nicht nur das Motorrad will gepflegt werden, auch die Kleidung freut sich über ein wenig Fürsorge, wenn sie ihrer Funktion nachkommen und lange halten soll. Gibt es ein eingenähtes Pflegeetikett, sind die darauf vermerkten Hinweise zu beachten. Für alle anderen Artikel gelten allgemeine Pflegetipps.

Lederbekleidung

- Verschmutztes Glattleder mit klarem Wasser oder speziellem Leder-Reinigungsspray behandeln
- Beim Trocknen starke Hitze vermeiden
- Anschließend mit Lederfett imprägnieren, eventuell zusätzlichen Nässeschutz aufsprühen

Textilbekleidung mit Klima-Membran

- Waschen in der Waschmaschine mit speziellem Waschmittel und ohne Weichspüler
- Langsame Trocknung bei Zimmertemperatur
- Mit einem Textil-Imprägnierspray einsprühen und so Schmutz- und Wasserschutz erzeugen

Helm

- Staub und Insektenreste auf dem Visier mit nassem Küchenpapier oder Spezialreiniger gründlich einweichen lassen
- Visier innen und außen mit klarem Wasser abspülen
- Visier mit einem weichen Tuch trocken tupfen
- Herausnehmbare Teile des Innenfutters in Seifenlauge bei mittleren Temperaturen reinigen
- Übriges Innenfutter mit Tuch und Lauge säubern

»HÄNDE UND AUCH FÜSSE SIND DIE WICHTIGSTE SCHNITTSTELLE ZWISCHEN MENSCH UND MASCHINE.«

Interview mit Jürgen van Bömmel, Pressereferent bei Louis, Europas größtem Filial- und Versandhändler für Motorradbekleidung, -ersatzteile und -zubehör.

Wenn jemand von dir wissen möchte, welche Ausrüstung er für das Fahren auf seiner 125er braucht, was rätst du ihm?
Ich würde erstmal fragen: Welche Maschine hast du? Und was hast du damit vor? Wer mit der Vespa gelegentlich bei Sonnenschein durch die Stadt gondelt, braucht sicher ein anderes Outfit als jemand, der täglich auf zwei Rädern zur Arbeit pendelt, oder jemand, der auch mal längere Touren über mehrere Tage unternehmen will. Und dann soll das Outfit ja auch noch zum Stil der Maschine passen.

Was wären denn so typische Beispiele für passende Outfits?
Was immer geht, solange das Wetter mitspielt: Lederjacke, abriebfeste Motorrad-Jeans und Motorrad-Sneaker. Das ist der universelle (Kurzstrecken-) Klassiker, passt zum Roller wie zur Sportmaschine und macht auch dann noch eine gute Figur, wenn man nicht auf der Maschine sitzt. Für Tourer und Pendler: Textilanzug mit Klimamembran und evtl. Thermofutter und Belüftungssystem. Voll alltagstauglich und flexibel. Gibt's in riesiger Bandbreite, sowohl funktionell als auch preislich. Bei Louis beginnt das unter 200 Euro und reicht bis über 1500 Euro.

Für den Spaß am Wochenende geht immer noch nichts über Leder. Es muss ja nicht gleich eine einteilige Rennkombi sein. Von supersportlich bis Retro gibt's alles. Wichtig ist, dass Jacke und Hose über einen Verbindungsreißverschluss verfügen.

Du hast jetzt verschiedene Materialien genannt, Leder, Textil, sogar Jeans. Kannst du das ein wenig erklären, besonders unter dem Aspekt Sicherheit?
Sicherheit ist bei den Materialien immer der entscheidende Aspekt. Schicke Freizeitklamotten und wasserdichte Jacken gibt's woanders auch. Auf dem Motorrad (und auf dem Roller, was gern vergessen wird) ist Sicherheit gleichbedeutend mit Reiß- und Abriebfestigkeit. In dieser Hinsicht ist Leder – bei vergleichbarem Kaufpreis – nach wie vor das Material mit der besten Schutzfunktion. Textilstoffe können da trotz toller Entwicklungen bei den Fasern nicht ganz konkurrieren. Von neuen Fasern wie Dyneema, Kevlar etc. profitieren auch spezielle Motorrad-Jeans. Die können mit den anderen Textilien inzwischen gut mithalten. Aber wie gesagt: Material-Qualität ist immer auch eine Frage des Preises: dünnes billiges Leder muss nicht besser sein als ein hochwertiges Gewebe.

Bleiben wir bei der Sicherheit. In das Outfit gehören auch Protektoren, oder?
Unbedingt! Protektoren sind die Knautschzonen des Motorradfahrers. Und sie machen im Falle eines Falles definitiv einen Unterschied. Das bestätigen außer sämtlichen Unfallstatistiken auch meine persönlichen Erfahrungen. Dabei gilt: Protektor darf sich nur nennen, was als solcher nach der Norm EN 1621-1 für Gelenkprotektoren oder nach EN 1621-2 für Rückenprotektoren homologiert ist. In den meisten Jacken und Hosen sind Gelenkprotektoren bereits integriert.

Hüft- und Rückenprotektoren lassen die Hersteller oft weg. Das hat weniger mit Sparmaßnahmen zu tun als mit den Vorlieben der Kundschaft. Viele Motorradfahrer bevorzugen zum Beispiel Rückenprotektoren, die separat unter der Jacke getragen werden. Das Neueste auf dem Protektorenmarkt sind Airbagwesten. Die schützen nicht nur die Wirbelsäule, sondern auch Rippen, Schlüsselbeine usw. Im Rennsport sind Airbags schon seit Jahren vorgeschrieben und bewährt. Inzwischen werden diese Westen auch für Otto Normalfahrer immer erschwinglicher.

Wir haben noch gar nicht über Helme geredet. Was ist da zu beachten?
Das mit Abstand wichtigste Auswahlkriterium ist die Passform. Egal ob Jet-, Integral-, Klapp- oder Crosshelm, ein Helm der nicht passt, ist rausgeschmissenes Geld. Nur merkt man das leider manchmal nicht sofort. Ich hatte schon Helme, die sich anfangs superbequem anfühlten, aber nach einer Viertelstunde rasende Kopfschmerzen verursachten. Also: den Helm ruhig eine Weile aufbehalten. Bei Louis kann man den Helm auch mitnehmen und Probe fahren. Bis 24 Stunden nach dem Kauf gibt's in der Filiale das Geld zurück. Und gerade für Anfänger empfehle ich eine ausführliche Beratung durch die Kolleginnen und Kollegen vor Ort. Die Passform hat übrigens mit Preisunterschieden nur bedingt zu tun. Jeder Hersteller hat einfach seine eigene Kopfschablone. Was ein Helm kostet, spürt man eher bei der Verarbeitung, zum Beispiel bei der Visiermechanik und natürlich bei der Ausstattung.

Welche Rolle spielt das Material der Helmschale?
Keine besonders große, weil alle Helme die gleiche Sicherheitsnorm erfüllen müssen. Das ist im Moment die ECE-22/05. Unterschiede beziehen sich eher auf das Gewicht und die Dauerhaltbarkeit. Entscheidender dürfte die Grundkonstruktion des Helms sein: Ein offener Jethelm wird in sich nie so stabil sein wie ein Integralhelm mit Kinnbügel. Dafür bietet das offene Jet-Konzept andere Vorteile, zum Beispiel bezüglich Sichtfeld und Gewicht. Auch hier kommt es auf Einsatzzweck und persönliches Sicherheitsbedürfnis an. Ich selbst bin gern mit Jethelm unterwegs.

Welches Schuhwerk brauchen Anfänger? Und welche Handschuhe?
Im Prinzip genau das Gleiche wie alle anderen Motorradfahrer auch. Füße und Hände gehören wie der Kopf zur »Risikogruppe« unter den Körperteilen, brauchen also besonderen Schutz. Hände (und teils auch Füße) sind aber auch die wichtigste Schnittstelle zwischen Mensch und Maschine. Deshalb sind Handschuhe immer ein Kompromiss zwischen dem Verhindern von Verletzungen und der Notwendigkeit, die Maschine feinfühlig zu bedienen. Voraussetzung für beides ist wieder die Passform. Unter dem Sicherheitsaspekt sind ein solider Abstreifschutz in Form eines Klettriegels am Handgelenk und gut gleitendes Material am Handballen wichtig. Die Stiefel müssen in erster Linie auf der Maschine bequem sein, nicht unbedingt beim Laufen. Deshalb gibt es in unseren Filialen

immer mindestens ein Motorrad zum Probesitzen. Eingeschränkter Laufkomfort hat hier viel mit der Schutzfunktion zu tun: Stabile Sohle, Zehen- und Fersenkappen, Knöchel- und Schienbeinpolster eignen sich nun mal nicht für lange Wanderungen. Bei Louis sind übrigens fast alle Motorradstiefel und Motorradhandschuhe als »Persönliche Schutzausrüstung« (PSA) zertifiziert.

Fehlt noch was?

Ja! Funktionswäsche, also Unterwäsche aus Kunstfasern mit wärme- und feuchtigkeitsregulierenden Eigenschaften. Der Tragekomfort, den Funktionswäsche bietet, ist auf dem Motorrad kein Luxus sondern Sicherheits-Feature. Wer friert oder im eigenen Saft schmort, kann sich nun mal schlechter konzentrieren und ermüdet schneller. Diese Funktionsfasern haben eine sehr große Oberfläche, nehmen aber fast keine Nässe auf. Dadurch kann Feuchtigkeit schnell verdunsten. Das sorgt für ein angenehm trockenes Gefühl auf der Haut. Und nur so, als Wasserdampf, können Wassermoleküle dann auch durch die Klimamembran in der Jacke entweichen. Die gute alte Baumwolle macht genau das Gegenteil: Sie saugt Feuchtigkeit auf und speichert sie – perfekt als Handtuch zum Abtrocknen, völlig ungeeignet für Temperaturausgleich und Feuchtigkeitsmanagement unter der Motorradjacke. Wer Kunstfasern nicht mag, sollte lieber auf Merinowolle oder Viskose ausweichen.

Rollerfahrer lieben auch beim Fahren Straßenkleidung. Solange eine stabile Motorradjeans getragen wird, spricht nichts dagegen

Preisfrage

Den Spaß auf zwei Rädern gibt es zwar nicht zum Nulltarif, aber je nach Anspruch bereits für kleines Geld. Während die Gebühren für Fahrausbildung und Führerschein weitgehend fix sind, lässt sich bei der Anschaffung des Fahrzeugs, der Kleidung und bei der Wahl der Versicherung so mancher Euro sparen. Aber Achtung: Gute Qualität gibt es nicht zum Discountpreis.

Nach der Lektüre der voranstehenden Kapitel dieses Buches dürfte ein wenig Licht in den 125-ccm-Dschungel gedrungen sein. Allerdings stellt sich für einen zukünftigen Leichtkraftradfahrer nun die Frage der zu erwartenden Kosten. Allgemeingültig lässt sich diese Frage kaum beantworten. Schließlich liegen die Gebühren der Fahrausbildung beim vollwertigen A1-Führerschein deutlich über denen des erweiterten Autoführerscheins B196. Außerdem variieren die Preise auch in vielen anderen Bereichen: Gebrauchtmotorrad oder Neufahrzeug, Motorradjeans oder Premiumfahrerausstattung, lediglich Haftpflicht oder Rundumschutz durch Vollkaskoversicherung? Selbstverständlich kann auch eine Maschine aus zweiter Hand Freude bereiten, ein Jethelm aus dem Sonderangebot und eine alte Lederjacke ausreichen, wirklichen Spaß macht das Fahren jedoch nur mit einer passenden Ausrüstung. Zudem sollte man einige überraschende, aber unvermeidliche Zusatzausgaben im Auge behalten. Die nachfolgende Aufstellung vermittelt einen Überblick darüber, welche finanziellen Opfer notwendig sind.

Fahrausbildung

Umstiegswillige Autofahrer, die den Führerschein der Klasse B seit mindestens fünf Jahren besitzen und die mindestens 25 Jahre alt sind, können mit relativ einfachen Mitteln den B196-Führerschein erwerben. Sie müssen lediglich 4 x 90 Minu-

Die wohlüberlegte Wahl des Motorrads entscheidet über den größten Posten beim Einstieg ins Zweiradfahren. Zwischen gebrauchtem Roller und fabrikneuer Enduro können mehrere Tausend Euro liegen

ten Theorieunterricht und mindestens zehn Fahrstunden von jeweils 45 Minuten (fünf Fahrschuleinheiten à 90 Minuten) auf dem Motorrad absolvieren. Da weder eine Prüfung in Theorie noch in Praxis verlangt wird und auch kein Sehtest oder Erste-Hilfe-Nachweis erforderlich ist, fallen nur Kosten für die Anmeldung, die theoretische Schulung und die Fahrstunden à rund 50 Euro an. Je nach Anzahl der Fahrschuleinheiten, nach Fahrschule und Region müssen rund 700 Euro an die Fahrschule gezahlt werden. Dazu kommen Umschreibegebühren bei der Führerscheinstelle und der Preis für ein neues Passbild von insgesamt etwa 40 bis 50 Euro. Summa summarum kostet B196 also rund 750 Euro.

Der Erwerb der auf dem Autoführerschein basierenden Klasse B196 kostet nur die Hälfte des vollwertigen A1-Führerscheins

Der vollwertige A1-Führerschein, der häufig bereits zum 16. Lebensjahr erworben wird, kostet deutlich mehr als der einfache B196. Für die Festlegung der Gebühren spielt es keine Rolle, dass Jugendliche nur selten ein eigenes Einkommen haben und fast immer auf den Euro achten müssen. Denn die Ausbildung fällt wesentlich umfangreicher aus und ist dadurch entsprechend teurer. Ein kleiner Trost: Immerhin ist der Erwerb der Klasse A1 preisgünstiger als der (erst ab 18 Jahren mögliche) Erwerb der Autoklasse B.

Zum obligatorischen Posten wie Sehtest (ca. 7 Euro), Erste-Hilfe-Kurs (ca. 25 Euro) und Passfoto (ca. 15 Euro) fallen umfangreiche Kosten bei der Fahrschule an. Dazu zählen die Anmeldegebühr (70 bis 200 Euro), die Übungsmaterialien (ca. 30 Euro), Übungsfahrten (30 bis 45 Euro), Sonderfahrten (40 bis 60 Euro) sowie die Prüfungsgebühren (Theorie 20 bis 80 Euro, Praxis 80 bis 180 Euro). Beim TÜV sind weitere Entgelte zu zahlen (Theorie ca. 50 Euro, Praxis ca. 120 Euro) und die Ausstellung des Führerscheins bei der Zulassungsstelle kostet zusätzliche 30 bis 50 Euro. Unterm Strich können für den Führerschein A1 je nach Anzahl der Fahrstunden und je nach Fahrschule demnach zwischen 1000 und 1700 Euro veranschlagt werden.

Ein Vorteil des A1-Scheins soll jedoch nicht unerwähnt bleiben: Da es sich bei der »kleinen« Motorraderlaubnis um eine Vorstufe des Motorradführerscheins A2 und A handelt, erhält sein Inhaber automatisch die Berechtigung zum vereinfachten Erwerb des A2-Führerscheins ab dem 18. Lebensjahr – zu entsprechend geringen Kosten. Es muss lediglich eine Praxisprüfung abgelegt werden, um in die Klasse A2 aufzusteigen. Nach zwei weiteren Jahren kann die Praxisprüfung für die Führerscheinklasse A absolviert werden – ohne kostenintensive Fahrstunden.

Anschaffung des Motorrads

Bei der Frage, welches Leichtkraftrad das richtige ist, spielen viele Kriterien eine Rolle. Soll es eine neue Maschine, eine gebrauchte oder gar ein Oldtimer werden? Können kleinere Reparaturen oder Wartung selbst ausgeführt werden, gibt es eine gute Fachwerkstatt in der Nähe? Ist Zweimann- oder Langstreckenbetrieb vorgesehen? Stehen Geländeritte auf der Wunschliste oder Fahrten durch die City? Reicht ein CBS-Bremssystem oder kommt nur der Blockierverhinderer ABS in Frage? Hinzu kommen weiche Kriterien wie persönliche Vorlieben, die darüber mitentscheiden, ob nun ein praktischer Roller, ein klassisches Retrobike oder eine sportliche Supermoto erworben wird. Das alles und noch viel mehr entscheidet letztendlich über die zu erwartenden Anschaffungskosten des zukünftigen Zweirads. Und die Preisspanne der in Frage kommenden Motorräder ist enorm. Während eine 10 bis 15 Jahre alte 125er oft bereits für unter 1000 Euro erhältlich ist, kostet eine fabrikneue Premium-Maschine rund 5000 Euro. Für ausgefallene Designerstücke wie etwa die Vespa 946 werden bis zu 9000 Euro fällig.

Nicht nur der Anschaffungspreis, sondern auch Wartungsaufwand und Reparaturkosten entscheiden darüber, wie teuer die Mobilität auf zwei Rädern wird. Unterm Strich kann ein neuer Marken-Scooter weniger kosten als ein verlebter Baumarktroller

Unterhaltskosten

Zuerst die gute Nachricht: 125er sind steuerfrei. Anders als bei Pkw oder großen Motorrädern müssen folglich keinerlei Kfz-Steuern gezahlt werden. Eine Versicherung zählt allerdings zum Pflichtprogramm, wenn das neue Leichtkraftrad zugelassen wird. Zunächst sollte geklärt werden, ob eine einfache Haftpflicht ausreicht, oder ob eine zusätzliche, nicht verpflichtende Teil- oder Vollkasko gewünscht sind. Während die gesetzlich vorgeschriebene Haftpflicht Schäden Dritter abdeckt, zahlt die Kfz-Teilkaskoversicherung Schäden am eigenen Fahrzeug, die durch äußere Einflüsse entstehen – etwa durch Wetter, Wild, Steinschlag oder Diebstahl. Eine Kfz-Vollkaskoversicherung deckt darüberhinaus auch Schäden, die durch eigene Fahrlässigkeit entstanden sind und Vandalismus mit ein.
Die Tarife der jeweiligen Versicherungen differieren beträchtlich. Hier lohnt ein gründlicher Vorab-Check. Im Schnitt müssen für einen Neuvertrag mit Teilkasko jährlich 200 bis 250 Euro einkalkuliert werden. Die teurere Vollkasko lohnt sich oft nur bei relativ neuen oder sehr wertvollen Fahrzeugen.

Schutzkleidung

Vor allem Rollerfahrer neigen dazu, ihre Fahrten auf Straßenkleidung zurückzulegen, die jedoch keinerlei Schutzwirkung bietet. Als absolutes Minimum für das Fahren auf einer 125er gelten ein einfacher Jethelm, ein paar Handschuhe, eine Motorradjeans sowie eine wasserfeste Textiljacke. Die Kosten dafür liegen bei rund 500 Euro. Wer auf Qualität achtet und zusätzlich Regenkleidung, Stiefel oder Thermowäsche benötigt, landet für die komplette Ausrüstung schnell bei 1000 Euro. Übrigens: Helme altern mit den Jahren und müssen regelmäßig ausgetauscht werden. Ein gebrauchter Helm kommt schon deshalb nicht in Frage.

Wartung und Verschleiß

Nicht zu vergessen sind auch die Unterhaltskosten. Ein Satz Reifen, der alle 8000 bis 15.000 Kilometer fällig wird, schlägt mit 150 bis 250 Euro zu Buche. Dazu kommen noch Kosten für Wartung und Inspektion sowie eventuell für Reparatur- oder Sturzteile.

Fazit

Genügsame B196-Leichtkraftradfahrer, die mit einer gebrauchten Maschine, einfacher Haftpflichtversicherung und günstiger Bekleidung zufrieden sind, kommen bereits für unter 2500 Euro im ersten Jahr in den Genuss eines eigenen Gefährts – inklusive Erwerb der Fahrerlaubnis. Bereits im zweiten Jahr fallen nur noch Kosten für Unterhalt, Versicherung und Reparaturen an. Und irgendwann lässt sich das Zweirad vermutlich für einen ordentlichen Betrag wieder verkaufen. Anspruchsvolle 16-Jährige müssen für A1-Führerschein, Neufahrzeug, Vollkasko und Hightech-Klamotten locker 7500 Euro ausgeben. Aber auch hier gilt: Das zweite Jahr wird billiger und nach zwei Jahren gibt es für das Bike noch immer eine gute Stange Geld.

Fahrbereit

Mit der bestandenen Fahrerlaubnisprüfung oder der B196-Bescheinigung von der Fahrschule darf man ein Leichtkraftrad im Straßenverkehr bewegen. Damit die ersten Fahrten reibungslos ablaufen, sollte sich der Neumotorradfahrer mit den wesentlichen Fahrtechniken vertraut machen. Denn wie so oft gilt auch beim Motorradfahren: Übung macht den Meister.

Wer sich eine 125er zulegt, ist in vielen Fällen noch kein Routinier auf dem Motorrad. Entweder er ist gerade 16 Jahre alt geworden und hat – bis auf Fahrrad, Mofa oder 50er – kaum Erfahrung mit motorisierten Zweirädern. Zweirädern, die immerhin auf die Autobahn dürfen und beim Beschleunigen an der Ampel so manchem Mittelklasseauto überlegen sind. Oder aber der mindestens 25-jährige Neueinsteiger fährt seit vielen Jahren mit seinem Auto und darf sich nun dank der B196-Führerscheinregelung auf ein Leichtkraftrad setzen. Mit dem angelernten Wissen weniger Fahrstunden dürfte dieser Rookie keine ausgefeilten Fähigkeiten haben, auch wenn er ein wenig reifer ist als der Heranwachsende. Reaktionen und Bewegungsabläufe, die für erfahrene Motorradfahrer selbstverständlich sind, müssen sich Zweiradanfänger noch erarbeiten – etwa Blickführung, Schräglagenwechsel oder dynamische Radlastverteilung beim Bremsen. Alle Mühen sind jedoch kein Grund, die Lust am Motorrad zu verlieren. Es ist wie beim Erlernen einer Sportart: Mit ein wenig Übung und Geduld werden die Verhaltens- und Bewegungsabläufe schon bald verinnerlicht sein.

Gerade am Anfang ergibt es Sinn, sich nicht zu schneller Fahrt hinreißen zu lassen, sondern kontrolliert und ohne Hektik ans Fahren zu gehen. Bei geruhsamen Fahrten im Alltag werden die motorischen Prozesse erlernt und laufen bereits nach kurzer Zeit vollkommen automatisch ab.

Spiegel allein reicht nicht: Beim Anfahren ist der Blick über die Schulter ein wichtiges Sicherheitsgebot

Ist eine gewisse Routine eingetreten, steigt unweigerlich die Konzentration auf den Straßenverkehr. Keinesfalls sollte nun voller Euphorie am Gas gedreht werden, denn auch wenn das Fahrkönnen nach einigen Wochen sichtbar besser geworden sind, gibt es noch viel zu trainieren.

Sitzhaltung

Jedes Motorrad hat einen eigenen Charakter. Das zeigt sich deutlich im Verhältnis von Sitzbank, Fußrasten und Lenker zueinander. Denn dieses magische Dreieck bestimmt im Wesentlichen die Sitzhaltung auf dem Fahrzeug. Während eine Enduro oder Supermoto durch die hohe, vorderradorientierte Sitzposition einem fahraktiven, wendigen Fahrstil entgegenkommt, punkten beim Sportler ein flacher Lenker in Kombination mit zurückverlegten Fußrasten mit geringem Luftwiderstand und entsprechend guten Fahrleistungen. Beim Chopper hingegen werden die Füße des Fahrers weit vorne platziert, die Arme strecken sich zu einer hohen, breiten

Beim Motorradfahren ist volle Konzentration gefordert, auch Routiniers sind stets hellwach

Lenkstange. Fahrkomfort und Coolness stehen dabei im Fokus. Für alle Varianten gilt: Nur wer locker und entspannt auf dem Motorrad sitzt, kann schnell reagieren und frei von frühzeitiger Ermüdung auch große Strecken fahren. Es ist übrigens wenig sinnvoll, gleich zu Beginn riesige Touren zu planen. Die Konzentration lässt gerade bei Anfängern nach einiger Zeit nach, sie

Asphaltwedeln: Mit improvisierten Übungen lässt sich die persönliche Fahrtechnik verfeinern

sollten daher ihre Fahrten zunächst auf maximal zwei bis drei Stunden beschränken.

Fahrübungen

Die meisten kennen sie aus der Fahrschule: Fahrübungen zum Verbessern des Kurven- oder Bremsverhaltens. Es spricht nichts dagegen, sich mit der Maschine vertraut zu machen, indem man auf einem großen Platz einige dieser Übungen wiederholt. Ein Klassiker ist die Ausweichübung. Wer mit seiner 125er auf einen am Boden liegenden Stein oder Ast zufährt und kurz vorher gezielt ausweicht, wird schnell feststellen, wie sich das Zweirad beim Abbremsen und Abwinkeln verhält. Schräglagenpraxis oder Langsamfahren lassen sich durch eine improvisierte Kreis- oder Slalombahn ebenfalls verfeinern. Eine entscheidende Erkenntnis ist, dass man stets in die Richtung fährt, in die man schaut. Die korrekte Blickführung – immer weit voraus und nicht dicht vor das Vorderrad – gilt als Schlüssel zu einer flüssigen Linie. Dabei sollte regelmäßig auch der Rückspiegel im Auge behalten werden, um sicherzustellen, dass von hinten keine Überraschung droht. Vorfahren an der Ampel ist übrigens trotz der schmalen Silhouette eines Leichtkraftrads verboten. Links darf nur dann vorbeigefahren werden, wenn ausreichend Seitenabstand vorhanden ist.

Kurvenfahren

Grundregel Nummer Eins lautet, das Motorrad muss auch bei Schräglage eine Einheit, eine Linie mit dem Fahrer bilden. Folglich sollte sich der Fahrer gemeinsam mit der 125er in die Kurve legen. Oftmals läuft dieser Bewegungsprozess intuitiv ab, wenngleich bei manchen Anfängern zu beobachten ist, dass ihr Oberkörper auch in Kehren in die Senkrechte strebt. Das sogenannte »Drücken« der Maschine macht jedoch ausschließlich im Gelände und bei extrem langsamer Fahrt Sinn. Bei normaler Straßenfahrt behindert das Drücken der Maschine zügige Schräglagen. Da die Kurvenradien automatisch größer werden, ist diese Fahrweise sogar gefährlich.
Die Beschaffenheit des Untergrunds spielt bei Kurvenfahrt eine weitaus größere Rolle als auf der Geraden, da die Reifen Seitenkräfte aufbauen müssen. Kommen Sand, Feuchtigkeit oder gar Glätte ins Spiel. muss das Tempo drastisch reduziert werden. Ebenfalls darf der Fahrer in keinem Fall auf die Gegenfahrbahn geraten. Zu groß ist die Gefahr, mit dem Gegenverkehr zu kollidieren. Erst wenn diese Maxime verinnerlicht sind und sich sukzessive eine saubere Linie und ein flüssiger Rhythmus beim Kurvenswing einstellen, kann damit begonnen werden, an der Ideallinie zu feilen – dem schnellsten Weg durch die jeweilige Kurve.

Fahren in der Gruppe

Motorradfahren in der Gemeinschaft kann ein großer Spaß sein. Wenn eine Gruppe auf Tour geht, gibt es zudem einiges von einander zu lernen. Wirklichen Spaß machen kollektive Ausflüge aber nur, wenn kein Druck ausgeübt wird – etwa, weil das Tempo des 125er-Neulings kritisiert wird. Oft ist eine Truppe nicht wirklich homogen, es gibt schnellere und langsamere Fahrer, Profis und Neulinge. In einer guten Fahrgemeinschaft richtet man sich immer nach dem Langsamsten. An jeder Kreuzung, jeder Abbiegung wird gewartet, so kommen alle gemeinsam ans Ziel.
Gemeinschaftliches Fahren erfordert jede Menge Disziplin von jedem Einzelnen. Ein ortskundiger Fahrer sollte die Führung übernehmen und dabei nicht zu schnell fahren. Denn die Nachfolgenden müssen in jedem Fall schneller als er sein, um Schritt halten zu können. Beim Hinterherfahren macht es Sinn, seitlich versetzt zu gleiten – einer links, einer rechts, einer links ... Ständiges Überholen ist gefährlich, besser

Gruppenausflüge erfordern Disziplin und Rücksicht, doch gerade das Fahren in der Gemeinschaft macht große Freude

die Gruppe behält die einmal gewählte Reihenfolge ein. Wenn ein Hindernis, etwa ein langsames Auto, überholt werden soll, fährt einer nach dem anderen vorbei. Ein guter »Road Captain« weiß, wann eine Pause nötig wird. Wer jedoch früher stoppen möchte, etwa weil er an die Tankstelle muss, macht sich bemerkbar. So bleibt die gesamte Crew zusammen und niemand geht verloren.

Fahren zu zweit

Wenn hinter dem Fahrer eines Leichtkraftrads ein Sozius Platz genommen hat, müssen die beiden zu einem Team auf Zeit verschmelzen. Für den Piloten bedeutet die voll besetzte Sitzbank mehr Gewicht, verlängerte Bremswege, geringere Fahrleistungen, verändertes Lenkverhalten und schwer kalkulierbare Reaktionen des Beifahrers. Das alles erfordert Gewöhnung. Ein guter Fahrer beschleunigt und bremst sanft, damit keine extremen Fliehkräfte auftreten, er kalkuliert das zusätzliche Gewicht ein und erkundigt sich regelmäßig bei seinem Mitfahrer, ob dieser sich wohlfühlt. Aber auch der Beifahrer sollte einige Regeln befolgen. Er muss sich gut festhalten, am besten an der Taille des Fahrers, die Füße beim Stopp immer auf den Rasten lassen, nicht herumzappeln und in Kurven eine Linie mit dem Fahrer bilden. Auch der Sozius darf sich auf keinen Fall gegen die Schräglage nach außen lehnen. Im Zweifel sollte der Fahrer seinen Mitfahrer über diese Eigenart aufklären.

Vorab instruieren: Ein Mitfahrer kann das Fahrverhalten einer 125er entscheidend beeinflussen

Fahren auf der Autobahn

Jedes Fahrzeug mit einer bauartbedingten Höchstgeschwindigkeit von mehr als 60 km/h darf auf die Autobahn. Somit ist es gesetzlich zulässig, eine 125er auf Schnellstraßen zu bewegen. Während Leichtkrafträder in der Stadt und auf Landstraßen noch durchaus zügig gefahren werden können, müssen auf der Autobahn jedoch Einschränkungen in Kauf genommen werden. Aufgrund der relativ geringen Motorleistung liegt die Höchstgeschwindigkeit der meisten 125er bei etwa 85 bis 120 km/h. Langsame Verkehrsteilnehmer, etwa Lkw – fahren auf der Autobahn im Normalfall konstant 80 bis 90 km/h. Um im Verkehrsfluss mitzuhalten, müssen die kleinen Zweiräder folglich immer nahe der Höchstleistung gefahren werden. Vor allem im Zweipersonenbetrieb oder bergauf können Trucks dann schon einmal bedrohlich nahe kommen. Um eventuellem Stress durch drängelnde Lastwagen zu entgehen, bietet sich die Fahrt über Landstraßen an. Viel Zeit wird man nicht verlieren, und der eigentliche Spaß auf motorisierten Zweirädern liegt sowieso beim Befahren kurvenreicher Nebenstraßen.

Mit solo gefahrenen, schnelleren Leichtkrafträdern lässt sich das Lkw-Tempo hingegen locker halten oder sogar überbieten. Bei den länger andauernden Überholvorgängen sollte jedoch einkalkuliert werden, dass schnellere Verkehrsteilnehmer nicht unbedingt mit einem rund 100 km/h fahrenden Motorrad rechnen. Bleibt als Fazit, dass eine 125er in der Stadt ein überlegenes Fahrzeug sein kann, auf der Autobahn hingegen fehlen für souveräne Fortbewegung ein paar Pferdestärken.

Fahren bei Regen

Auch auf dem Leichtkraftrad lassen sich Regenfahrten nicht vermeiden, zu häufig kommt es in unseren Breiten zu Niederschlägen. Mit der richtigen Kleidung und einem umsichtigen Fahrstil stellt Nässe jedoch kein Problem dar. Da Wasser die unangenehme Eigenschaft hat, den Reibwert der Fahrbahnoberfläche und damit die Reifenhaftung zu verringern, müssen Geschwindigkeit, Bremsverhalten und Schräglagen an die Witterung angepasst werden. Wer langsam ans Gas geht, hektische Brems- und Lenkmanöver vermeidet und den Sicherheitsabstand zu anderen Verkehrsteilnehmern vergrößert, kommt gut durch den Regen. Gullideckel, Fahrbahnmarkierungen und Bitumenflicken sollten allerdings dringend umfahren werden, da sie bei Feuchtigkeit extrem glatt werden.

Bei Regen verliert der Straßenbelag spürbar an Haftung, vor allem Fahrbahnmarkierungen und Gullideckel werden glatt wie Schmierseife

Es hat sich bewährt, bei feuchten Bremsen – egal ob Scheiben oder Trommeln – immer mal wieder während der Fahrt vorsichtig am Handhebel zu ziehen und so den Wasserfilm abzuwischen. So lässt sich verzögerter Bremswirkung vorbeugen. Unschön ist die Sichtbehinderung durch ein nasses Visier oder eine beschlagene Motorradbrille. Durch eine Behandlung der

Kunststoffgläser mit speziellem Reiniger kann man dieses Phänomen jedoch vermeiden. Auch wenn Fahrer und Maschine optimal präpariert sind, ist vorausschauendes Fahren bei Regen äußerst wichtig.

Fahren im Winter

Die meisten Motorradfahrer lassen ihr Zweirad in der Garage, sobald die Temperaturen in den einstelligen Bereich fallen. Vor allem 16- oder 17-jährige Inhaber des A1-Führerscheins besitzen in aller Regel jedoch kein weiteres, wintertaugliches Fahrzeug. Sie müssen wohl oder übel auch in den Wintermonaten auf ihre 125er steigen. Grundsätzlich gelten im Winter die gleichen Regeln wie bei Regen (s. o.). Dazu gesellen sich allerdings weitere Besonderheiten, etwa die Gefahr von partieller Eisglätte – etwa auf Brücken – häufig vorkommende Dunkelheit oder motorische Einschränkungen aufgrund extremer Kälte. Autofahrer rechnen zudem in der kalten Jahreszeit nicht mit Motorrädern. Die Gefahr, übersehen zu werden, steigt mit jedem Temperatursturz. Bei schneebedeckter Fahrbahn und Eisglätte sollte das Motorrad allerdings sofort abgestellt werden. Extreme Glätte macht die Fahrt unkontrollierbar und damit äußerst gefährlich.

Parken

Der Vorteil eines kompakten Zweirads gegenüber dem Auto ist zweifellos der geringe Parkraumbedarf. Auch in Ballungsgebieten oder mitten in der City lässt sich beinahe immer ein Platz zum Abstellen finden Es ist allerdings nicht gestattet, sein Leichtkraftrad auf dem Gehweg zu parken. Oft wird rücksichtsvolles Parken auf einem breiten Bürgersteig jedoch geduldet.

Nicht jeder hat übrigens eine Garage oder einen Schuppen, um seine 125er zu Hause

Schlechte Sicht, glatter Fahrbahnbelag: Wird das Wetter schlechter, steigen auch die Ansprüche an das Fahrkönnen

sicher und trocken unterstellen zu können. Im Winter ist eine trockene Parkbox Gold wert, egal ob das Motorrad täglich genutzt oder nur bis zum Frühjahr eingelagert wird.

Fahrsicherheitstraining

Es gibt Leichtkraftrad-Fahrer, die zweifeln am Nutzen einer zusätzlichen Fahrschulung. Jedoch, muss man sich vor Augen führen, dass eine 125er ein vollwertiges Motorrad ist. Mit einer Höchstgeschwindigkeit von rund 100 km/h, strammen Beschleunigungswerten und einer vollwertigen Ausstattung unterscheidet sich das Bike nur unwesentlich von größeren Motorrädern. Inhaber des A1-Führerscheins mögen annehmen, sie hätten während ihrer Ausbildung in der Fahrschule alles Wesentliche gelernt, und B196-Piloten könnten darauf verweisen, dass sie sich ja bereits seit vielen Jahren mit ihrem Auto geschult haben. Aber sind beide Gruppen nicht irgendwie auch Fahranfänger? Ohne Routine und Erfahrung? Und sind 125er ohne ABS bei einer Gefahrenbremsung nicht oftmals schwieriger zu beherrschen als große Motorräder? Hand aufs Herz: Lernen nicht selbst alte Hasen bei einem Training noch immer etwas dazu?
Ein Fahrsicherheitstraining für 125er ist also in jedem Falle eine wertvolle Erfahrung. Bei den auf Fahrsicherheit abzielenden Schulungen wird das Fahren in Schräglage vertieft, Slalom und Bremsübungen durchgeführt und sicheres Handling des Motorrads erarbeitet. Am Ende wird der Teilnehmer nicht nur die Beherrschung der Maschine in besonderen Situationen optimiert haben, sondern auch jede Menge Spaß gehabt haben. Denn das Training findet in aller Regel auf einer abgesperrten Strecke statt, auf der gefahrlos und ohne Störung durch andere Verkehrsteilnehmer der persönliche Grenzbereich ertastet werden kann.
Voraussetzung zur Teilnahme ist ein gültiger Führerschein – mindestens für Klasse

Bei einem Fahrsicherheitstraining lassen sich sämtliche Herausforderungen des täglichen Straßenverkehrs spielerisch erlernen

A1 oder B196. Manche Anbieter beschränken die Trainings auf die Altersklasse der 16- bis 18-jährigen, andere mischen die 125er mit größeren Maschinen. Die Dauer der eintägigen Ausbildung beträgt zwischen 5 und 10 Stunden inklusive Pausen und findet meistens an einem Wochenende statt. Bis zu zehn Teilnehmer pro Gruppe sind üblich. Im Normalfall wird eine Teilnahmegebühr von um 100,- Euro fällig. Manchmal besteht die Möglichkeit, mit einem Leihmotorrad am Sicherheitstraining teilzunehmen. Da man hierbei die Haftung für Schäden übernehmen muss und außerdem jede Maschine eine andere Fahrdynamik aufweist und eine andere Fahrtechnik nötig macht, empfiehlt es sich, mit der eigenen Maschine zu fahren.

Anbieter von Trainings

Zahlreiche Veranstalter bieten Fahrsicherheitstrainings speziell für 125er an, die Trainingsinhalte sind zum Teil sehr unterschiedlich. Über ein »Qualitätssiegel« verfügen alle Veranstalter, die nach den Richtlinien des Deutschen Verkehrssicherheitsrates DVR ausbilden. So arrangiert etwa der ADAC ein »Newcomer 125er-Training« im Fahrsicherheitszentrum Westfalen in Haltern am See (Tel.: 0 23 64 / 920 820, Mail: info@adac-fsz-westfalen.de) für 125,- Euro. Beim »Sicherheitstraining für Mopeds, Roller und 125er« auf dem Verkehrssicherheitszentrum am Sachsenring (Tel.: 0 37 23 / 65 33 0, Mail: info@sachsenring.de) lernt der Schüler in acht Stunden die Herausforderungen des Straßenverkehrs zu meistern. Preis 99,- Euro. Das fünfstündige »Motorrad Kompakt-Training« des ADAC Fahrsicherheitszentrums Rhein-Erft in Weilerswist (Tel.: 0 22 54 / 60 15 0) , in Hessen (0 60 58 / 91 89 18) oder Thüringen (0 36 43 / 489 14 10) für 99,- Euro ist auch für Leichtkrafträder und Roller geeignet. Gleich teuer ist das »Sicherheitstraining Motorrad» der Verkehrswacht Oldenburg e. V. in Wildeshausen (Tel.: 0 44 31 / 94 26 10). Wer ein Training in Österreich sucht, wird bei den ARBÖ Fahrsicherheitszentren fündig. Das sechs Stunden dauernde »Praxis-Training 125 ccm« wird in Salzburg (Tel.: 0 50 12 / 32 56 0), in der Steiermark (Tel.: 0 50 12 / 32 68 0) und in Wien (Tel.: 0 50 12 / 32 91 7) abgehalten und richtet sich speziell an Inhaber der österreichischen Führerscheinklasse Code 111.

Neben freien Anbietern und Organisationen bieten auch einige Motorradhersteller Sicherheitstrainings an, oft in Zusammenarbeit mit Fahrsicherheitszentren. Wichtig ist, dass erfahrene Trainer durch die Ausbildung führen, keine allzu großen Gruppen gebildet werden und außerdem die Leichtkrafträder nicht mit deutlich schnelleren Teilnehmern – etwa Supersportlern oder Hypernakeds – gemeinsam auf die Strecke rollen. Eine interessante Variante ist es, einen Fahrlehrer anzusprechen, ob dieser nicht ein individuelles Training veranstalten möchte. Sofern sich eine Gruppe Lernwilliger und ein geeigneter Ort findet, sind viele Fahrlehrer offen für eine ganz persönliche Schulung.

Pflegestufe

Wer über einen langen Zeitraum Freude an seinem Leichtkraftrad oder Roller haben möchte, der ist gut beraten, sein Fahrzeug regelmäßig zu checken und kleinere Wartungsarbeiten eigenständig vorzunehmen. Während größere Inspektionen oder Reparaturen am besten von Fachwerkstätten übernommen werden sollten, lassen sich einfache, häufig wiederkehrende Aufgaben auch von technischen Laien ohne Probleme selbst durchführen.

Z125
HONDA
70
YEARS

Spätestens, wenn ein Motorrad viele wartungsfreie Kilometer heruntergespult hat, wenn es harten Bedingungen – etwa Geländefahrten – ausgesetzt war oder nach dem Winter wieder in Betrieb genommen werden soll, stehen einige Arbeiten an. Anders als moderne Autos, die mit Sensoren und Warnlampen vollgepackt oder gar mit dem Handy vernetzt sind, weisen Motorräder ihre Fahrer nicht automatisch darauf hin, wenn etwa die Reifen Luft benötigen oder die Kette gespannt werden muss. Meistens müssen die Besitzer nach festen Intervallen eigeninitiativ tätig werden und die notwendigen Wartungsarbeiten ausführen. Erst nachdem bestimmte Handgriffe verrichtet wurden, kann es wieder sicher und zuverlässig auf die Straße gehen. Wer mehr als nur simple Kontrollaufgaben an seinem Motorrad übernehmen möchte, sollte sich eine Reparaturanleitung oder ein Werkstatthandbuch zu seinem Modell besorgen – z. B. aus der Reihe »Wartung und Reparatur« von Delius Klasing. Hilfreiche Schraubertipps zu allen wichtigen Themen gibt es auch auf der Website von Louis (www.louis.de).

Ein häufig zu wiederholender Punkt ist die Reinigung des Fahrzeugs. Schmutz und Fett werden mit Seifenlauge und Lappen entfernt. Wird ein Hochdruckreiniger verwendet, muss darauf geachtet werden, der Elektronik, der Einspritzanlage sowie den Lagerstellen an Schwinge und Lenkkopf nicht zu nahe zu kommen. Diese könnten Schaden nehmen, wenn der harte Was-

Zur Kettenpflege zählt nicht nur das regelmäßige Fetten, sondern auch das Einstellen der richtigen Kettenspannung. Die Angaben zum korrekten Durchhang finden sich im Handbuch

serstrahl in die Gehäuse bzw. in die Lagerschalen eindringt. Besser und sicherer ist daher die Wäsche mit dem einfachen Wasserschlauch. Rollerfahrer haben es bei der Säuberung ihres Gefährts oft leichter. Die vollverschalte Karosserie und die kleinen Räder sind schnell gewaschen. Speichenräder und zerklüftete Motoren an Motorrädern benötigen etwas mehr Aufmerksamkeit. Lackteile können mit Politur aufgefrischt werden, manuell ausgeführte Kreisbewegungen mit einem weichen Tuch und anschließendes Aufpolieren wirken manchmal wahre Wunder. Ein Hartwachs versiegelt anschließend die gereinigten (Lack-)Flächen. Auch für Chromteile und Aluminiumflächen gibt es spezielle Polituren, die den Glanz wiederherstellen. Wenn das Zweirad regelmäßig gereinigt wird, steht es nach der Auffrischung optisch wieder da wie am ersten Tag.

Wird eine 125er häufig im Regen oder abseits befestigter Straßen gefahren, dann muss die Antriebskette alle 200 bis 300 Kilometer nachgeschmiert werden

Richtige Kettenpflege

Auch bei der Wartung der Technik können Laien einige Punkte selbst bearbeiten. Die meisten Motorräder verfügen über eine mehr oder weniger offen laufende Antriebskette zum Hinterrad. Und die will regelmäßig gepflegt werden. Lediglich die meisten Roller und ein paar wenige Kardanmotorräder sind bei der Pflege des Sekundärtriebs anspruchsloser. Antriebsketten müssen ausreichend gefettet sein. Dafür wird ein Kettenspray aus dem Fachhandel verwendet, das gleichmäßig von der Innen- und Außenseite auf die Kettenglieder aufgetragen wird. Ist die Antriebskette stark verschmutzt – Stichwort Enduro – hilft eine gründliche Reinigung mit Wasser und/oder einem Spezialreiniger vor dem Einfetten. Die Kontrolle der Spannung folgt im nächsten Schritt. Die Kette sollte leichtes Spiel aufweisen, eine Bewegung von zwei Fingern nach oben und unten gilt als Faustformel für eine korrekt gespannte Gliederkette. Sowohl das Schmieren als auch das Spannen der Kette muss in stetigen Abständen wiederholt werden. Je mehr das Fahrzeug bei Regen, Schnee oder im Gelände eingesetzt wird, desto häufiger muss eine Wartung erfolgen.

Lebenssaft Motoröl

Die Flüssigkeiten des 125er-Motors müssen ebenfalls regelmäßig kontrolliert werden. Der Ölstand muss sich unbedingt im Bereich zwischen der Minimum- und Maximum-Markierung auf dem Peilstab oder im Schauglas befinden. Anderenfalls kann (und wird!) der Motor Schaden nehmen und teure Reparaturen nach sich ziehen. Gemessen wird bei abgestelltem Motor. Wenn also der Ölstand in die Nähe der unteren Markierung abgefallen ist, sollte mit Motoröl der korrekten Spezifikation (siehe Handbuch) bis auf »Max« nachgefüllt werden. Einmal im Jahr oder nach einer Fahrstrecke von etwa 5000 bis 10.000 km (unterschiedliche Intervalle je nach Motorradtyp) müssen das Motoröl und der Ölfilter gewechselt werden. Mit ein wenig handwerklichem Geschick kann jeder Fahrer den Ölwechsel selbst vornehmen. Dabei ist zu beachten, dass das umweltschädliche Motoröl nicht in den Boden eindringen darf. Eine ausreichend große Wanne schützt vor Verunreinigungen. Außerdem werden neue Dichtungsringe, z. B. für die Ablassschraube, ein Trichter und passendes Werkzeug benötigt. Wer sich diese öligen Arbeiten nicht zutraut, kann einen Fachhändler aufsuchen, den Ölwechsel jedoch keineswegs auf die lange Bank schieben. Auch 125-ccm-Motoren laufen nur mit sauberem Öl zuverlässig.

Bei der Gelegenheit kann außerdem der Stand der Kühlflüssigkeit bei wassergekühlten Motoren überprüft werden. Hier genügt eine Sichtprüfung. Bei deutlich zu niedrigem Stand könnte ein Defekt vorliegen, dann sollte ein Fachbetrieb kontaktiert werden. Ein Austausch der Bremsflüssigkeit wird regelmäßig angeraten. Wenn ihre Farbe Braun statt Goldgelb wirkt, besteht dringender Handlungsbedarf. Im Zweifel sollten Hobbyschrauber allerdings besser die Finger von der Bremsanlage lassen. In der Werkstatt wird dieser Job professionell und sicher erledigt. Eine Funktionsprüfung der Bremsanlage kann jedoch jeder Fahrer selbst vornehmen. Weisen die Bremsbeläge starke Abnutzungen auf? Sind Bremshebel und -pedal leichtgängig? Funktioniert das Bremslicht?

Zu den wichtigsten kontinuierlich durchzuführenden Aufgaben zählt der Check des Motoröls. Zum Nachfüllen wird ein Haushaltstrichter verwendet

Ältere Motorräder bremsen oft mit Trommel- statt Scheibenbremsen. Die Pflege von Zug, Hebeleien und Bremsschlüsselwellen muss regelmäßig erfolgen

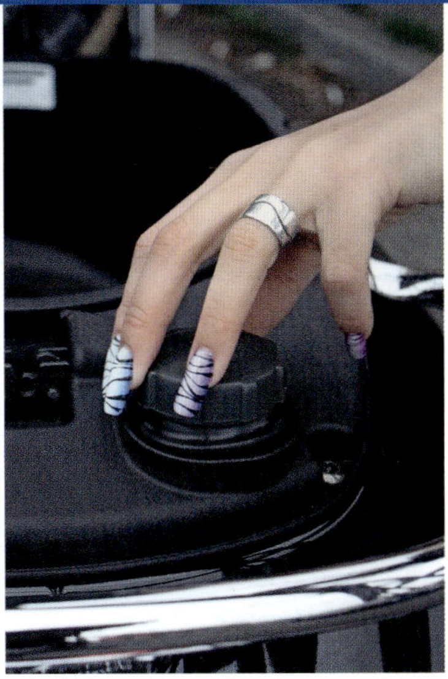

Moderne Roller wie die Vespa Primavera können auch mit zarten Händen bedient werden. Bei ernsthaften Wartungsarbeiten dürfte das Nageldesign jedoch leiden

Kontakt zur Straße

Luftdruck und Verschleiß von Vorder- und Hinterreifen müssen gewohnheitsmäßig überprüft werden. Zum Anpassen auf den vorgeschriebenen Luftdruck, der meistens um 2 bar liegt, verwendet man Reifenfüllgeräte an der Tankstelle. Der Druck sollte die vom Hersteller angegebenen Werte weder nach unten noch nach oben um mehr als 0,3 bar überschreiten, um die Fahrsicherheit nicht zu beeinträchtigen. Für Autos und Motorräder ist in Deutschland eine Profiltiefe von wenigstens 1,6 mm vorgeschrieben. Bei Leichtkrafträdern genügen dem Gesetzgeber ein Millimeter. Wird die Mindestprofiltiefe unterschritten, muss der jeweilige Reifen umgehend ausgetauscht werden. Wegen der zu übertragenden Antriebskräfte verschleißen Hinterreifen übrigens deutlich schneller als Vorderreifen. Auch Pneus mit noch ausreichender Profiltiefe können überaltert sein. Maximal zehn Jahre sollte ein Motorradreifen alt sein, um noch ausreichend Grip aufbauen zu können. Ein Sichtcheck gibt Auskunft über poröse Stellen in der Lauffläche oder Risse in der Flanke des Gummis. Reifenhändler können übrigens das exakte Baujahr der Reifen bestimmen.

Mit Hilfe eines Messgeräts lässt sich leicht feststellen, ob die Reifen noch verkehrssicher sind. Die gesetzlich vorgeschriebene Mindestprofiltiefe für 125er beträgt einen Millimeter

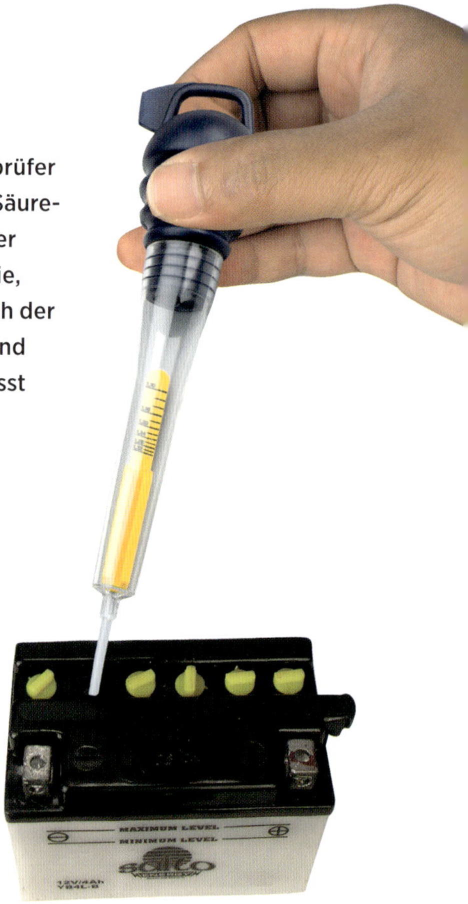

Ein Säureprüfer misst die Säuredichte einer Bleibatterie, woraus sich der Ladezustand ablesen lässt

Regelmäßige Kontrolle erwarten auch einige Batterien. Manche der Energiespender sind gekapselt, sodass ihr Flüssigkeitsstand nicht überprüft bzw. nachgefüllt werden kann. Bei Standard-Säurebatterien muss die Füllmenge jedoch kontrolliert werden. Liegt der Stand unter der auf dem Batteriegehäuse gekennzeichneten Markierung, muss die Batterie mit demineralisiertem (destilliertem) Wasser aufgefüllt werden. Batterien beziehen ihre Ladung aus der Lichtmaschine, und zwar nur dann, wenn das Motorrad häufig gefahren wird. Steht das Leichtkraftrad im Winter mehrere Monate ungenutzt in der Garage, sinkt der Ladezustand des Energiespeichers kontinuierlich ab. Wer nicht Gefahr laufen möchte, dass das Bike wegen einer zu schwachen Batterie im Frühjahr nicht mehr anspringt, der sollte den Ladezustand im Auge behalten und mit einem Digital-Multimeter messen. Die abgelesene Spannung sollte bei einer 12 V-Batterie auf jeden Fall über 12,4 V liegen. Eine andere Möglichkeit ist, mit einem Säuretester die Säuredichte der Batterie zu bestimmen. Hierbei sollte die gemessene Säuredichte über 1,20 g/ccm liegen, was einer Ladung von mehr als 50 Prozent entspricht. Abhängig von der Umgebungstemperatur kann die Selbstentladung der Batterie bis zu 1 Prozent pro Tag betragen und damit bereits nach vier Monaten tiefentladen sein. Daher macht bei Standzeiten von mehr als drei Monaten grundsätzlich ein Aufladen durch ein externes Batterie-Ladegerät Sinn. Nur Geräte, die ausdrücklich für Motorradbatterien geeignet sind, eignen sich zum Laden. Unbedingt zu beachten ist, ob es sich um eine 6 Volt- oder 12 Volt-Bordelektrik handelt. Bei einigen Ladegeräten lässt sich die Volt-Zahl an einem Schieberegler einstellen. Vorteilhaft ist die Verwendung eines intelligenten Ladegerätes, das über die Dauer der Standzeit des Motorrads angeschlossen wird und die Batterie frisch hält. Voraussetzung dafür ist allerdings eine 230 V-Steckdose in der Nähe des Stellplatzes.

Beim Check von Zündkerze und Kerzenstecker wird geprüft, ob sie fest sitzen. Hier wie auch an anderen elektrischen Verbindungen schützt ein Spritzer Pflegeöl – etwa von Caramba oder WD40 – vor Korrosion. Auch die Beleuchtungsanlage sollte regelmäßig kontrolliert werden. Bei Scheinwerfer, Rücklicht oder Blinkern können nicht nur die Leuchtmittel defekt sein, sondern sie können sich auch verstellt haben und andere Verkehrsteilnehmer blenden. Wer sein Leichtkraftrad in häufiger Folge pflegt und die Verschleißteile im Blick behält, wird lange Freude an seinem Gefährt haben. Auch, wer nach zwei Jahren auf eine größere Maschine wechseln möchte, nimmt durch ausgewogene Fürsorge Einfluss auf den Wiederverkaufswert. Und was das Allerwichtigste ist: Ein perfekt gewartetes Zweirad ist deutlich sicherer unterwegs als ein kaum beachteter Pflegefall.

So wird das Motorrad winterfit

Manch hartgesottener Fahrer möchte sein Leichtkraftrad nicht nur bei schönem Wetter bewegen, sondern auch in der kalten Jahreszeit. Egal, ob für den Weg zur Berufsschule, zum Job oder einfach nur zum Spaß: Grundsätzlich ist gegen den Ganzjahrsbetrieb nichts einzuwenden. Jedoch benötigt eine im Winter eingesetzte 125er besondere Pflege und sollte entsprechend vorbereitet werden.

Offiziell geprüfte Winterreifen sind für Leichtkrafträder nicht erhältlich und folglich auch nicht vorgeschrieben

Für Motorräder sind Reifen mit unterschiedlichen Profilen erhältlich. Guten Grip auf Schnee bietet ein ausgeprägtes Stollenprofil, über Reifen mit besonderen Eigenschaften auf nasser Fahrbahn berät der Reifenhändler. Winterfahrer sollten nach Reifen mit M+S-Kennung Ausschau halten. Diese sind zum Beispiel von Marken wie dem deutschen Hersteller Heidenau als Roller- oder Enduro-Reifen verfügbar. Bei Schnee und Eis sollte man zugunsten der eigenen Sicherheit jedoch auf das Zweirad verzichten. Zu glatt sind selbst gut ausgebaute Straßen, zu groß ist die Gefahr eines Unfalls.

Spezielle Motorrad-Winterreifen sind nicht erhältlich. Um einen Winterreifen handelt es sich nämlich nur dann, wenn das Schneeflockensymbol mit Bergpiktogramm auf der Reifenflanke zu finden ist. Um dieses Symbol zu erhalten, ist ein spezieller Test nach der Regelung ECE 117 notwendig. Ein solcher Test kann mit Motorradreifen allerdings nicht durchgeführt werden. Folglich benötigen Motorräder und auch Leichtkrafträder seit 2017 keine speziell gekennzeichneten Winterreifen mehr, wenn die Fahrbahnverhältnisse dies erfordern. Mit der Änderung der STVO § 2 Punkt 3a entfiel die »situative Winterreifenpflicht für einspurige Fahrzeuge«. Den Grund für diese Entscheidung hat der Gesetzgeber in der Bundesrat-Drucksache 771/16 wie folgt erklärt: »Eine Winterreifenpflicht für Zweiräder, für die es keine Winterreifen gibt, käme einem Fahrverbot bei Glatteis, Schneeglätte, Schneematsch, Eis- oder Reifglätte gleich.« 125er-Fahrer dürfen also auch dann im Winter am Straßenverkehr teilnehmen, wenn Sie nur über ganz normale Reifen verfügen. Dies befreit sie jedoch nicht von der persönlichen Verantwortung, das Fahrzeug bei Eisglätte sinnvollerweise stehen zu lassen.

Bei flüssigkeitsgekühlten Motoren ist es im Winter wichtig, auf genügend Frostschutz im Kühler zu achten. Das Kühlwasser kann bei winterlichen Temperaturen einfrieren und den gesamten Motor zerstören. Kette, Bowdenzüge, Hebeleien und alle beweglichen Stellen müssen im Winter wiederkehrend geschmiert werden. Es empfiehlt sich, das gesamte Zweirad regelmäßig von Streusalz zu befreien, zu waschen und mit Pflegeöl zu besprühen, damit die Korrosion nicht ungehindert wüten kann. Auch sämtliche Lampen, Scheinwerfer, Rücklicht und Blinker müssen gründlich gesäubert werden, damit man von anderen Verkehrsteilnehmern gut wahrgenommen werden kann und die eigene Sicht erhalten bleibt. Vor allem bei Kälte zeigt sich zudem, ob eine Batterie noch leistungsstark genug ist. Wenn der Motor nicht mehr anspringen will, muss sie aufgeladen oder erneuert werden. Insgesamt sind im Winterbetrieb häufigere Wartungsintervalle notwendig, was einen leidenschaftlichen 125er-Fahrer jedoch – außer bei Schnee und Eis – kaum davon abhalten wird, auf seine Maschine zu steigen.

Wer sein Leichtkraftrad auch im Winter bewegen möchte, sollte die Maschine vorab auf die erschwerten Bedingungen vorbereiten

Was tun, wenn der Motor nicht anspringt?

Sollte das 125-ccm-Aggregat einmal nicht mehr starten wollen, dann kann die folgende To-do-Liste hilfreich sein. Meistens lässt sich der Fehler durch systematische Suche schnell lokalisieren oder gar beheben. Erst wer sämtliche Checks in der vorgegebenen Reihenfolge ausgeführt und den Motor dennoch nicht in Gang gebracht hat, muss eine Werkstatt kontaktieren.

Ist die Batterie in Ordnung?
Schnellcheck: Anlasser betätigen. Dreht der Anlasser den Motor mit der gewohnten Geschwindigkeit durch?

Nein:
Batterie mit Ladegerät aufladen.
Batterie erneuern.
Motor im 2. Gang anschieben (nur bei Fahrzeugen mit Schaltgetriebe).

Funktioniert die Zündung?
Sichtprüfung: Zündkerze herausschrauben und an die Masse halten/auf den Zylinderkopf oder ähnliches legen. Starter betätigen, nun sollte ein weißlicher Funke an der Elektrode zu sehen sein.

Nein:
Kerze mit einer Drahtbürste reinigen und trocknen.
Zündkerze erneuern.
Zündspule, Impulsgeber oder CDI überprüfen und gegebenenfalls austauschen (dies ist eher ein Fall für die Werkstatt).

Ist die Benzinversorgung gewährleistet?
Schnellcheck: Benzinschlauch vom Benzinhahn entfernen, Hahn öffnen (PRI). Fließt das Benzin aus dem Benzinhahn?

Nein:
Benzinhahn mit Druckluft durchpusten.
Falls vorhanden, Benzinfilter (am Vergaser, Benzinhahn oder am Benzinschlauch) reinigen oder erneuern.
Sollte der Sprit viele Monate alt sein, Kraftstoff erneuern oder mit frischem Benzin auffüllen.
Bei Vergasermotorrädern Vergaser demontieren und entleeren. Vergaserdüsen durchblasen und gegebenenfalls kompletten, zerlegten Vergaser im Ultraschallbad reinigen.
Bei Motorrädern mit Einspritzanlage keine Arbeiten an der Einspritzung vornehmen (das ist Werkstattsache).

Ist der Motor defekt?
Check: Hat der Motor noch genügend Kompression? Zündkerze herausschrauben. Kompressionsdruck bei betriebswarmem Motor und mit Vollgas mit Kompressionstester überprüfen. Liegt der Wert beim Viertaktmotor oberhalb von etwa 8 bar? Oder beim Zweitakter über 6 bar?

Nein:
Beim Viertaktmotor Ventile einstellen (lassen).
Wenn zu wenig Kompression angezeigt wird, kann der Austausch des Kolbens mit Ausschleifen des Zylinders oder eine Überholung des Zylinderkopfes notwendig werden. Hier hilft die Werkstatt weiter.

Customizing und Tuning

Vielen Motorradfahrern gefällt ihr Zweirad erst dann, wenn es eine persönliche Note aufweist. Die Lösung heißt: Verschönern, Umbauen, Customizen. Der Zubehörmarkt bietet Individualisierungsmöglichkeiten für jeden Geschmack und jeden Geldbeutel.

Durch die große Auswahl an Serienmotorrädern in verschiedenen Kategorien kann jeder Interessent sein ganz persönliches Motorrad finden. Richtig individuell wird eine 125er allerdings erst durch einen einzigartigen Umbau. Die Spanne reicht vom relativ simpel zu bewerkstelligenden Anbau von Zubehör – etwa anderen Rückspiegeln – bis zum komplett umgebauten Custombike. Unzählige internationale Anbieter von Zubehörteilen bieten jedes erdenkliche Zubehörteil. So gibt es winzig kleine LED-Blinker, klassische Tachos, Chromparts, Rückleuchten oder Gepäckträger in unterschiedlichen Qualitäten – vom Billigteil aus Fernost bis zum Hightech-Produkt aus europäischer Fertigung. Auch die Motorradhersteller selbst offerieren häufig eine große Auswahl an passendem Zubehör – Verkleidungen,

Gelungenes Beispiel eines Custombikes ist diese Kawasaki Z 125, die von den Azubis bei Louis zu einem knackigen Street Tracker umgebaut wurde

Packtaschen oder Sitzbänke. Viele der Teile benötigen für den legalen Betrieb im Straßenverkehr eine Zulassung. Zum Beispiel müssen Beleuchtungseinrichtungen ein E-Prüfzeichen aufweisen, Lenker dürfen nur verbaut werden, wenn ein Gutachten beigefügt ist. Custom-Parts direkt vom Fahrzeughersteller verfügen fast ausnahmslos über eine E-gepüfte Zulassung, aber auch viele seriöse Zubehöranbieter bieten geprüfte Teile an. Brauchbare Anbauteile kommen von Marken wie Highsider (Spiegel, Beleuchtung), LSL (Lenker), Dock66 (Chopper-Parts), Rizoma (Aluminium-Teile), Motogadget (Instrumente), Kellermann (Blinker) und vielen, vielen anderen Firmen.

Wer es sich zutraut, der kann seine 125er eigenhändig in ein Einzelstück verwandeln oder auch nur ein paar Zubehörteile anschrauben. Für alle anderen gibt es eine Reihe professioneller Garagen, die auf das Customizing spezialisiert sind. Viele freie Motorradwerkstätten werden ebenfalls offen sein für individuelle Umbauwünsche. Am Ende steht in jedem Falle ein Unikat, das ganz nach dem eigenen Geschmack veredelt wurde und seinen Besitzer mit Stolz erfüllt.

Mit etwas handwerklichem Geschick kann aus einer barocken Suzuki Marauder 125 ein minimalistisches Unikat im Bobber-Stil entstehen

Anschauliche Beispiele für schön gemachte Umbauten bieten zwei unterschiedliche 125er, die als Azubi-Projekt in der Zentrale von Louis von den Auszubildenden aufgebaut wurden. Zum einen hat das Team eine neue Kawasaki Z 125 in einen wendigen Flat Tracker verwandelt. Ziel war es, einen sportlichen Umbau im Stil der in den USA populären Rennmaschinen zu kreieren, die über ovale, ebene Sand- oder Aschebahnen gedriftet werden. Das Rahmenheck der Kawa wurde gekürzt und ein Flat Track-Heck darüber gestülpt. An der Front sorgt eine Startnummernmaske mit LED-Scheinwerfern für ein neues Gesicht. Weiterhin änderten die Azubis Lenker, Griffe, Handhebel, Fußrasten, Blinker und montierten seitliche Startnummerntafeln. Sportauspuff, Pirelli MT60-Reifen und matter Lack aus der Sprühdose vervollständigten den schicken Tracker.

Ebenfalls ein Azubi-Projekt war die Suzuki GZ 125 Marauder, die mit gezielten Eingriffen von einem angestaubten Softchopper zu einem coolen Bobber werden sollte. Die jungen Kreativen verbauten einen flachen, breiten Lenker, minimalistische Schutzbleche und einem Solositz. Auch bei der Marauder musste das Rahmenheck gekürzt werden. Kürzere Stoßdämpfer aus dem Programm von Louis, Custom-Fußrasten sowie ein LED-Scheinwerfer und Mini-Blinker geben der Suzie den gewünschten muskulösen Look. Beide 125er zeigen auf unterschiedliche Art und Weise, wie sich ein braves Serienmotorrad in ein Unikat mit hohem Wiedererkennungswert verwandeln kann.

Vorsicht bei nicht legalen Umbauten

Wer nicht geprüftes Zubehör an seiner 125er verbaut, der fährt ohne gültige Zulassung. Bei einer Verkehrskontrolle kann es dann empfindlich teuer werden. Noch schlimmer ist es, wenn bei einem Unfall auffällt, dass nicht legale Accessoires verbaut wurden oder der Unfall gar im Zusammenhang mit diesen Teilen steht. In diesem Fall kann die Versicherung die Schadenssumme vom Fahrer des Leichtkraftrades zurückfordern. Von daher: Unbedingt ausschließlich geprüftes und legales Zubehör verbauen oder nicht geprüfte Teile per TÜV-Einzelabnahme in die Fahrzeugpapiere eintragen lassen.

Das Gleiche gilt natürlich auch für Manipulationen an der Technik, die zur Steigerung der Motorleistung oder auch nur der Lautstärke führen. Mag es auch noch so verlockend sein, den Auspuff lauter zu machen oder den Luftfilter auszubauen, eine Leistungssteigerung wird man so nicht erreichen. Bestenfalls verhelfen derartige Maßnahmen zu einer subjektiv wahrgenommenen Verbesserung der Fahrdynamik. Faktisch sind moderne Motorräder so abgestimmt, dass unüberlegte Eingriffe in die Peripherie praktisch immer die Motorleistung und damit die Fahrleistungen verschlechtern. Hinzu kommt, dass diese Maßnahmen nicht erlaubt sind und das Erlöschen der Betriebserlaubnis des Fahrzeugs zur Folge haben.

Durch weitreichende Modifikationen der Mechanik, durch Chip-Tuning oder Veränderungen an der Variomatik beim Roller lassen sich Beschleunigung und

Endgeschwindigkeit beträchtlich erhöhen. Diese Veränderungen können – wenn die verwendeten Komponenten über E-Prüfzeichen oder Gutachten verfügen – von einem technischen Überwachungsverein begutachtet und legalisiert werden. Aber Achtung: Nicht in die Fahrzeugpapiere eingetragene Veränderungen sind auf öffentlichen Straßen verboten. Vor allem all jene, deren Führerschein an feste Vorgaben gebunden ist, fahren mit einem leistungsgesteigerten Motor nicht nur ohne gültige Betriebserlaubnis, sondern darüber hinaus auch ohne gültige Fahrerlaubnis. Die Fahrerlaubnis ist die staatliche Zulassung zum Führen eines Fahrzeugs, gesetzlich geregelt ist dies in § 4 der Fahrerlaubnisverordnung (FEV). Und für den, der ohne den passenden Führerschein unterwegs ist, hat das bei einer Kontrolle weitreichende Konsequenzen. Das Fahren ohne Fahrerlaubnis ist kein Kavaliersdelikt und stellt einen Straftatbestand dar. Für das Leichtkraftrad- oder Roller-Tuning kann eine Freiheits- oder Geldstrafe verhängt werden – selbst wenn alle Veränderungen sachgemäß eingetragen sind. Fahren ohne Fahrerlaubnis zieht laut Straßenverkehrsgesetz (StVG) eine Geldstrafe von bis zu 180 Tagessätzen oder eine Freiheitsstrafe von bis zu zwölf Monaten nach sich. Wiederholungstäter bestraft der Gesetzgeber härter. Im ungünstigsten Fall kann die Polizei das Fahrzeug laut § 21 Abs. 3 Nr. 3 StVG einziehen.

Fazit: Wer schneller fahren möchte und wem die maximal möglichen 15 PS nicht ausreichen, der sollte dringend auf Leistungssteigerungsversuche verzichten. Viel sinnvoller ist es, den ab 18 Jahren erhältlichen Motorradführerschein der Klasse A2 oder die ab 24 Jahren gültige offene Fahrerlaubnis der Klasse A zu erwerben und gleich ein – legales – größeres Zweirad zu fahren.

Bußgeldtabelle zum Leichtkraftrad- und Roller-Tuning

Tatbestand	Bußgeld	Punkte
Verstärkte Lärm- und/oder Abgasbelästigung	10 Euro	-
Fahren ohne gültige Betriebserlaubnis	50 Euro	-
... mit Beeinträchtigung der Umwelt	90 Euro	-
... mit Beeinträchtigung der Verkehrssicherheit	90 Euro	1
Fahren ohne gültige Fahrerlaubnis	Freiheits- oder Geldstrafe bis 180 Tagessätze	3

Reisegefährten

Die meisten Leichtkrafträder sind richtige kleine Motorräder, mit denen nicht nur Kurzstrecken gefahren werden können, sondern durchaus auch längere Touren. Ob es nun der Wochenendtrip, der Besuch einer Veranstaltung oder gleich der Sommerurlaub am Meer werden soll, hängt von der Kondition des Fahrers und von der Vorbereitung der Maschine ab.

Um sich die Frage zu beantworten, wie man denn auf leichten Motorrädern mit eher geringer Motorleistung weite Strecken bewältigen kann, muss man sich vor Augen führen, dass auch unsere Vorfahren auf ihren Zweirädern verreist sind. Und in der Frühzeit des Motorrads mussten – vor allem aus heutiger Sicht – fast alle Motorräder mit überschaubaren Pferdestärken auskommen. Dazu gesellte sich ein oft miserabler Straßenbelag in Kombination mit leidlich oder gar nicht gefederten Rädern. Das hielt ihre Fahrer jedoch nicht davon ab, extreme Entfernungen zu überwinden oder weite Reisen zu unternehmen. Bereits 1926 knatterten die französischen Freunde Robert Sexé und Henri Andrieux mit ihren 6 PS leistenden Gilett-Herstal rund um die Welt. Nicht weniger abenteuerlustig war der Österreicher Max Reisch, der 1932 mit seiner 250er Puch bei 50 Grad Hitze die Sahara durchquerte. Doch nicht nur Extremreisende setzten sich auf

Mit der 125er in den Süden: Wer im Pulk mit größeren Motorrädern verreist – wie hier in den 70er-Jahren gemeinsam mit einer Yamaha XT 500 – der muss ordentlich am Quirl drehen

ihre Motorräder. Spätestens in den 1950er-Jahren half bescheidener Wohlstand über die Berge an den Garda- oder Plattensee – oft auf 6 bis 9 PS starken DKW RT 125, NSU Fox oder Zündapp Bella, mit zwei Personen und schwerer Campingausrüstung. Es war also möglich, selbst auf kleinen Zweirädern Alpen, Mittelmeer oder Wüsten zu bereisen, und es geht noch heute. Allerdings sollten, um auf der Reise vor allem Lust statt Frust zu empfinden, einige Tipps befolgt werden.

Allein oder zu zweit

Mit seinen maximal 15 PS erreicht ein Leichtkraftrad eine Höchstgeschwindigkeit von ehrlichen 90 bis 115 km/h. Die Dauergeschwindigkeit auf Schnellstraßen liegt jedoch häufig locker 10 bis 20 Prozent unter dem maximal Möglichen. Steigungen oder Gegenwind bremsen den Vortrieb zusätzlich ein, außerdem ist es sowohl für den Fahrer als auch für den Motor (Stichwort: Benzinverbrauch) deutlich entspannter, nicht dauerhaft und angespannt mit Volllast zu fahren. Wer nicht allein auf der 125er sitzt, sondern mit Beifahrer unterwegs ist, verliert weitere 10 bis 20 Prozent der erreichbaren Dauergeschwindigkeit. Das kann dazu führen, dass die vollbesetzte und bepackte Reisemaschine auf der Autobahn oder der Landstraße zum Hindernis für Lkw wird. Zudem sind die Ausmaße der meisten 125er kompakt und bieten zwei Personen kaum ausreichenden Raum für stundenlanges Fahren. Kommt dann noch Reisegepäck hinzu, stößt zudem die maximal erlaubte Zuladung schnell an ihre Grenzen. Eine entspannte Reise sieht anders aus. Wer es einrichten kann, sollte den Soziusplatz leer lassen. er gewinnt dadurch an Fahrspaß, Souveränität und Urlaubsfreude. Auf der anderen Seite sollte sich ein motiviertes Zweierteam nicht aus der Ruhe bringen lassen: Mit ein paar Einschränkungen bei Komfort sowie Fahrleistungen und unter Verzicht von Gepäck kann man ebenfalls viel Spaß bei der Reise haben – gute Planung vorausgesetzt.

Vorbereitung der Maschine

Grundvoraussetzung für eine sorgenfreie Tour ist ein gut gewartetes Motorrad. Ist das Reifenprofil noch ausreichend? Muss das Motoröl vorab gewechselt werden? Ist die Kette geschmiert, bewegen sich die Bowdenzüge leichtgängig? Wer auf der sicheren Seite sein möchte oder sich die nötigen Wartungsarbeiten nicht zutraut, gibt seine Maschine vorher in die Werkstatt. Weil eine Panne auch bei einer gut vorbereiteten Maschine vorkommen kann, sollte eine gut sortierte Werkzeugtasche und die nötigsten Ersatzteile stets an Bord sein. Züge, eine kleine Spraydose Kettenspray oder eine Zündkerze passen meist in das Werkzeugfach unter der Sitzbank oder dem Seitendeckel. Übrigens: Wer Mitglied in einem Automobilclub wie ADAC, AvD oder ACE ist, erhält im Schadensfall kostenlose Pannenhilfe. Hat man zusätzlich einen Schutzbrief abgeschlossen, wie ihn etwa die Autoclubs oder Versicherungen anbieten, dann wird das fahruntaugliche Gefährt kostenlos bis vor die eigene Haustüre oder in eine Fachwerkstatt gebracht.

Minimales Gepäck

Anders als bei einer Reise mit der Familienlimousine oder einer Flugreise mit riesigem Rollkoffer herrschen auf dem Motorrad beengte und begrenzte Platzverhältnisse. Nur durch gute Planung lässt sich verhindern, dass zu viel mitgeschleppt wird und der zu transportierende Gepäckberg wächst und wächst. Selbst eine rigorose Beschränkung auf das absolut Nötigste wird sich dieses nur mit geeigneten Gepäcksystemen auf dem Leichtkraftrad unterbringen lassen. Roller haben prinzipiell den Vorteil, dass sich ihr Helmfach

Fast alle Roller verfügen über so ein geräumiges Staufach unter der Sitzbank, so der Honda PCX 125. Hier lassen sich Helme und bei Bedarf auch das kleine Reisegepäck unterbringen

unter der Sitzbank auch für den Transport von Reiseutensilien eignet. Andererseits lässt sich auf Scootern wegen des freien Durchstiegs kein Tankrucksack befestigen. Der Markt bietet für alle Fahrzeugtypen eine Vielzahl an speziellen Transportmög-

Im Falle einer Panne unterwegs macht sich die Mitgliedschaft in einem Automobilclub bezahlt. Noch besser: ein zusätzlicher Schutzbrief

lichkeiten. Jede Variante hat Vor- und Nachteile, soll sie doch praktisch sein, bequem in der Handhabung, viel Stauraum bieten, dabei wenig kosten und außerdem gut aussehen. Welches Gepäcksystem eignet sich also für eine 125er am besten?

Große Auswahl an Gepäcksystemen
Universell einsetzbar ist der klassische Rucksack. Neben dem Alltagsrucksack gibt es auch viele speziell für Motorradfahrer entwickelte Modelle. Trotz breiter Schulterriemen, einstellbaren Gurten um Hüfte und Oberkörper und Transportfach für einen Helm eignen sie sich allerdings eher für Kurztrips. Denn der Rücken des Rucksackträgers wird auf Dauer stark belastet, der Stauraum ist begrenzt und ein Sozius passt nicht mehr auf die Sitzbank oder muss den Rucksack umschnallen.
Bequemer und unterm Strich praktischer ist ein Tankrucksack. Dabei muss nicht mehr auf den klassischen Harro Elefantenboy der 1970er-Jahre zurückgegriffen werden. Der Markt bietet unterschiedlichste Modelle mit verschiedenen Befestigungsmöglichkeiten. Allerdings müssen diese zum Motorrad(-tank) passen. Tanktaschen mit Magnetbefestigungen halten nicht auf einem Kunststofftank, Halteriemen müssen ausreichend lang sein, Modelle mit Schnellverschluss für den Tankdeckel müssen kompatibel sein, und auf einem

Dieser Tankrucksack aus dem Yamaha-Zubehör ist mit einem Schnellverschluss am Tankdeckel einer MT 125 befestigt. Kombiniert mit Gepäckträger und Topcase bietet sich ausreichend Platz für Gepäck

Nahezu auf jeder Tankform zu montieren und dank Lederriemenbestigung überall einsetzbar ist der klassische Harro Elefantenboy-Tankrucksack

Roller mit freiem Durchstieg lässt sich ein Tankrucksack natürlich gar nicht befestigen. Zudem sollte gewährleistet sein, dass sich der Tankrucksack zum Betanken schnell entfernen oder abklappen lässt. Ein Vorteil von Tankrucksäcken ist, dass sie schwerpunktgünstig und zentral auf dem Motorrad angebracht werden. Daher verschlechtert sich die Straßenlage nicht und es kann Gepäck mit hohem Gewicht transportiert werden. Und noch etwas: Manche Tankrucksäcke lassen sich sogar zu einem Rucksack für den Rücken umwandeln.

Als Klassiker unter den Gepäcksystemen gilt die Gepäckrolle. Sie eignet sich für Motorräder sowie Roller und kann schnell mit Spanngurten am Bike verzurrt werden. Erhältlich aus wasserfestem Material und in unterschiedlichen Größen und Farben, vielen Fahrradfahrern auch als Ortlieb-Sack vertraut, kann die Rolle jede Menge der persönlichen Siebensachen aufnehmen. Zu hoch sollte ihr Gewicht jedoch nicht werden, da sie den Schwerpunkt stark nach hinten verlagert und damit die Fahreigenschaften verschlechtern kann. Der Transport einer Rolle erfordert entweder die Montage eines speziell für den Motorradtyp entwickelten Gepäckträgers (falls dieser nicht serienmäßig vorhanden ist) oder die Befestigung auf dem Soziussitz. Ein Beifahrer kann dann allerdings nicht mehr mitfahren. Zur Montage werden Spanngurte verwendet.

Noch simpler ist der Transport seiner Habseligkeiten unter einem Gepäcknetz. Dieses engmaschige elastische Netz lässt sich mit Haken an geeigneten Stellen des Motorrads anbringen. Es ist eher zum Transport von größeren Dingen geeignet, etwa einem Helm für den Mitfahrer, und bietet nur in Verbindung mit einer

Aus dem Programm von Louis stammt die Vanucci-Hecktasche, die sich auf dem Soziusplatz der KTM Duke harmonisch ins Gesamtbild einfügt

Tasche oder Folie Regenschutz. Wenn kein Gepäckträger vorhanden ist, beansprucht das Netz – wie die Gepäckrolle – den Soziusplatz.

Besonders Rollerfahrer, aber auch praktisch veranlagte Motorradbesitzer schätzen den zusätzlichen Stauraum des Topcase. Mit einem Trägersystem oder mit Schnellverschlüssen wird der Hartschalenkoffer am Heck des Bikes angebracht. Ebenso schnell kann er wieder abgebaut werden. Der Fahrer kann ihn mitnehmen, wenn er das Motorrad verlässt oder ihn diebstahlsicher anschließen. Die Motorradbreite wird durch das Topcase nicht vergrößert, jedoch darf er wegen seiner Anbringung weit hinten nicht zu schwer beladen werden. Hecktasche nennt sich übrigens die weiche Variante des Topcase.

An beiden Seiten des Motorrads angebrachte Hartschalenkoffer bieten sehr viel Platz, sind robust, abschließbar und weitgehend wasserfest. Da sie stabil mit dem Bike verbunden werden müssen, benötigen sie allerdings einen speziellen Träger, der die Kosten für Koffersysteme nach oben treibt. Außerdem erhöhen sie die Breite der Machine, wodurch die Wendigkeit verringert wird. Wegen ihrer ausladenden Form und hoher Anschaffungspreise kommen Koffer von Givi, Hepco & Becker oder SW Motech an 125ern eher selten vor. Roller würden mit Koffern übrigens zu breit bauen, daher kommen die Hartschalenbehälter für Vespa und Co. nicht in Frage. Pack- oder Satteltaschen aus Leder oder Gewebematerial, sogenannte Softbags, sind die weiche Version von Koffern. Sie bieten sich als preiswerte Variante an, da sie links und rechts der Sitzbank hängen und somit keinen Gepäckträger benötigen.

Das Motorrad sollte so beladen werden, dass sich die schweren Gepäckstücke im Zentrum der Maschine und möglichst weit unten befinden

Ausgewogene Gewichtsverteilung

Eine ausgewogene Gewichtsverteilung auf dem Motorrad ist ein nicht zu unterschätzender Faktor für Fahrstabilität und Fahrsicherheit. Daher ist es wichtig, das Motorrad mit Bedacht zu beladen. Zum einen kann bei einer Reise mit Beifahrer und Gepäck schnell das zulässige Gesamtgewicht überschritten sein. Informationen dazu liefert die Zulassungsbescheinigung. Beim Packen also möglichst auf schwere Gegenstände verzichten. Zum anderen sollte das Motorrad so beladen werden, dass sich die schweren Gepäckstücke wie Werkzeug oder Proviant im Zentrum der Maschine und möglichst weit unten befinden. Der Tankrucksack bietet dafür wesentlich bessere Voraussetzungen als Koffer, Taschen oder gar ein Topcase. So bleibt die Schwerpunktlage der vollgepackten Reisemaschine im günstigen Bereich und das Fahrverhalten verschlechtert sich nicht. Beim Aufteilen der Gegenstände hilft daher eine ausgeklügelte

Logistik: Koffer sollten gleich schwer beladen werden. Lenker und Gabel sind gänzlich ungeeignet für den Transport, da sie das Lenkverhalten stören und gefährliches Lenkerflattern auftreten kann. Auch sollte durch die Montage eines Tankrucksacks nicht der Lenkereinschlag und die Sicht auf die Instrumente beeinträchtigt werden. Das ursprüngliche Gleichgewicht der unbeladenen Maschine darf also nur möglichst wenig verändert werden, vor allem ein entlastetes Vorderrad führt zu dramatisch verschlechterten Fahreigenschaften. Nun müssen noch der Reifendruck angeglichen und gegebenenfalls um etwa 0,2 bar angehoben werden und eventuell eine Einstellung der Federelemente vorgenommen werden, und schon steht einer harmonischen Reise nicht mehr viel im Wege. Übrigens: Wer trotz aller Planung zu viel mitgenommen hat, der kann überflüssiges Gepäck oder schmutzige Wäsche in einem Paket nach Hause schicken. Im Zeitalter des Online-Handels halten sich die Kosten selbst für den Versand aus dem Ausland in Grenzen.

Kleidung für die große Tour

Auf der Reise ist die richtige Wahl der Bekleidung noch einmal wichtiger als im Alltag. Denn die wenigen mitgenommenen Klamotten müssen mehrere Funktionen vereinen, da ja nicht viel Platz für weitere Kleidungsstücke vorhanden ist. Erst wenn man eine Ahnung davon hat, wie das Wetter auf der Strecke voraussichtlich werden wird, kann eine sinnvolle Auswahl getroffen werden. Da Fahrer (und evtl. Beifahrer) weder schwitzen noch frieren wollen, sollten Jacke, Hose, Longsleeve, Schuhe und Unterbekleidung auf die jeweiligen Temperaturen abgestimmt sein. Aufgrund des Platzmangels bietet es sich an, statt Wäsche für jeden Tag und einer stattlichen Auswahl an Shirts ein Reisewaschmittel einzupacken. Das spart Platz und Gewicht.

Planung der Strecke

Wie lang die Tagesetappen einer größeren Tour ausfallen, hängt von vielen Faktoren ab. Dabei macht es einen entscheidenden Unterschied, ob die Reise zum »Strecke machen« über Autobahnabschnitte oder ausschließlich über entspanntere Landstraßen mit Stadtdurchfahrten führt. Außerdem sind die Topografie, die geplanten Zwischenaufenthalte, die Kondition des Piloten und der Komfort des Leichtkraftrads entscheidend dafür, ob die täglich absolvierte Strecke 200 Kilometer oder 600 Kilometer beträgt.

Häufige kleine Pausen schonen die Konzentration und den Rücken. Das dient nicht nur der Sicherheit, es hilft dabei, bereits die Anreise als wichtigen Teil des Urlaubs zu genießen. Es hat sich bewährt, noch vor der großen Pause das längste Stück der Tagesetappe zurückzulegen. Der restliche Teil der Tour wird dann übersichtlicher und präziser planbar. Ebenfalls macht es Sinn, die notwendigen Tankpausen gleich mit einer Rast inklusive Snack und Toilettengang zu verbinden. Vor allem bei Gruppenfahrten müssen so weniger zusätzliche Stopps eingeplant werden.

Es muss nicht immer der große Sommerurlaub sein. Wie wäre es mit einem Trip zu einem Motorrad- oder Rollertreffen?

Eine gut vorbereitete 125er ist das ideale Gefährt für einen unterhaltsamen Tagesausflug

Für eine stressfreie Reise ist ein Navigationsgerät eine gute Investition. Sie helfen bei der Orientierung, verhindern Irrfahrten am Zielort zum Campingplatz oder Hotel und informieren präzise über die noch zu fahrende Strecke. Optimal sind wasserfeste Motorradnavis mit zusätzlichen Funktionen wie »Schönste Strecke«, doch auch einfachere, günstigere Versionen von Garmin, TomTom und Co. erfüllen ihren Zweck. Landkarten im Maßstab 1.150.000 haben sich bewährt, da sie im Wesentlichen eine Tagestour abdecken und zusätzlich Details für ein eventuelles Besichtigungsprogramm unterwegs anzeigen.

Besser mit Gehörschutz

Auch bei den relativ moderaten Geschwindigkeiten, die ein Leichtkraftrad ermöglicht, treten bereits nervige Windgeräusche auf. Ein gutes Paar Ohrstöpsel kann diese auf ein angenehmes Maß reduzieren. Gerade auf längeren Touren empfiehlt es sich, einen Gehörschutz unter dem Helm zu tragen. Auf Dauer schonen geeignete Stöpsel das Gehör und beugen zudem der Ermüdung vor. Verwendet werden können universelle Modelle für den einmaligen Gebrauch, etwa von Ohropax, Uvex oder Mack's, aber auch spezielle Motorradfahrer-Stöpsel für mehrmalige Verwendung – z. B. von Alpine oder Pinlock – oder maßgefertigte Otoplastiken vom Hörgeräteakustiker. Aber Achtung: Beim Tragen von Gehörschutz werden Warnsignale, etwa Polizeisirenen, erst viel später wahrgenommen. Daher kommen nur Modelle in Frage, die gleichmäßig dämmen, also hohe Frequenzen durchlassen.

Blick in die Glaskugel

Niemand weiß wirklich, was den Individualverkehr der Zukunft auszeichnet, welche Rolle Zweiräder spielen werden und wie das Leichtkraftrad von morgen aussieht. Doch viele Entwicklungen lassen sich bereits heute absehen.

Auf die Frage, wie Motorradfahren in Zukunft funktionieren wird, lässt sich bestenfalls eine vage Prognose abgeben. Da Leichtkrafträder durch die Einführung der Führerscheinklasse B196 einer neuen riesigen Zielgruppe zugänglich gemacht wurden, ist ein zusätzlicher Einstieg über eine erweiterte Fahrerlaubnisregelung zu den 125ern eher unwahrscheinlich. Denkbar ist jedoch, dass andere europäische Länder den erweiterten Autoführerschein anerkennen und somit das Fahren auch im Ausland möglich wird. Doch wie werden die Zweiräder von morgen aussehen? Sicher werden die Motoren sauberer, die Fahrgeräusche geringer. Aber finden testosterongesteuerte Verbrenner-Bikes weiterhin ihre Kundschaft? Oder übernehmen – insbesondere im urbanen Einsatzbereich der Leichtkrafträder – Elektro-Scooter die Vorherrschaft? Und können romantische Retroideen gleichberechtigt neben vernetzten fahrenden Rechenzentren bestehen?

An Ideen und Konzepten für eine zweirädrige Zukunft mangelt es nicht. Interessante Ansätze bietet die Elektro-Mobilität. Auch wenn zweirädrige Stromer anders als E-Autos in Deutschland keine staatliche Förderung erhalten, gelten sie als Schlüsselfiguren bei der Bewältigung des Verkehrskollaps in den Innenstädten. Vor allem in der City verringert Elektro-Mobilität die lokale Luftverschmutzung, eine hohe Reichweite spielt kaum eine Rolle. Zudem benötigen Zweiräder deutlich weniger Parkraum als nur mit einer Person

Praktisch, futuristisch und vor allem elektrisch: Das Leichtkraftrad der Zukunft könnte aussehen wie der BMW Concept CE 04-Scooter

besetzte Pkw. Da fällt es nicht schwer, E-Scootern eine erfolgreiche Zukunft vorauszusagen.

Mitte dieses Jahrzehnts werden fast Dreiviertel aller neuen Motorräder mit dem Internet verbunden sein. Ein aufeinander abgestimmtes System mit Motor, Steuergerät, Batterie, Ladegerät, Display und App wird als Verkehrsassistent dienen. Selbstlernende Batteriemanagement-Systeme regeln den Energieverbrauch und reduzieren so die Reichweitenangst. Auch in einigen Bereichen des Motorsports werden Elektro-Fahrzeuge immer wichtiger. Etwa beim Trial, wo Geräuscharmut mehr zählt als hohe Akkuleistung.

Vor allem die Bemühungen, Zweiräder immer sicherer zu machen, werden schon bald zu einem großflächigen Einzug von Digitaltechnik auch in benzinbetriebene Motorräder führen. Bereits heute werden bei Premiummotorrädern Abstands-Radar, adaptive Tempomaten, Wheelie Control, Totwinkel-Warner oder Antischlupfsysteme eingesetzt. In absehbarer Zeit könnte ähnliche Technik auch für Leichtkrafträder erhältlich sein. Vernetzung wird die Fahrzeuge zudem immer schlauer machen. Techniker aller großen Marken arbeiten unter Hochdruck an Strukturen, mit denen Motorräder untereinander und mit der Umwelt kommunizieren können. Ziel ist die Vermeidung kritischer Situationen. Kollisionswarner per 360°-Kamera, eine proaktive Kurvenerkennung, die das Motorrad bereits vor der Kurve optimal auf die Bedingungen einstellen kann, oder eine Mensch-Maschine-Schnittstelle, die Gedankenströme des Fahrers aufnimmt und an einen Zentralrechner weiterleitet, sind weitere denkbare Funktionen für die übernächste Generation von Leichtkrafträdern. Und selbst autonomes Fahren, das wegen der Instabilität von Zweirädern bei niedriger Geschwindigkeit oder im Stand nur schwer umzusetzen ist, wird von den Motorradherstellern heiß diskutiert.

Im urbanen Raum werden E-Scooter immer populärer. Wo Reichweite gefragt ist, geht noch geraume Zeit nichts über den Verbrenner

Elektronik wird nicht nur im Dienste der Sicherheit eingesetzt, auch Fahrdynamik und -komfort können von zukunftsorientierten Entwicklungen profitieren. Vernetzung von Mensch und Maschine per Handy, elektronische Schaltsysteme oder elektronisch einstellbare Fahrwerke sind bei hubraumstarken Motorrädern längst Realität. Und wer weiß, vielleicht kommen komplette Motorräder ja bald sogar aus dem 3D-Drucker.

Spannende Zeiten. Doch bei all den technischen Innovationen muss ein Motorrad seinem Fahrer immer auch Spaß bereiten. Es muss fahraktiv sein, ästhetisch und gefühlsecht. Egal ob E-Scooter oder 125er Supermoto: Eine glänzende Zukunft haben Leichkrafträder vor allem, wenn sie ein cooles Statement abgeben.

Wir danken Jürgen van Bömmel und der Firma Louis sowie Andreas Seiler von Kawasaki Motors Europe für die freundliche Unterstützung.

Bibliografische Information der Deutschen Nationalbibliothek
Die Deutsche Nationalbibliothek verzeichnet diese Publikation in der Deutschen Nationalbibliografie; detaillierte bibliografische Daten sind im Internet über http://dnb.dnb.de abrufbar.

1. Auflage
ISBN 978-3-667-12125-7

Text: Dirk Mangartz
Kapitel Dreiräder, Elektro-Krafträder, Oldtimer,
Gebrauchte: Stephan H. Schneider
Redaktionelle Assistenz: Fritz Heinrich
Lektorat: Hanno Vienken
Umschlaggestaltung und Layout: Jörg Weusthoff,
Weusthoff und Reiche Design, Hamburg
Litho: Mohn Media, Gütersloh
Gesamtherstellung: Print Consult, München
Printed in Slovenia 2021

Delius Klasing Verlag, Siekerwall 21, D - 33602 Bielefeld
Tel.: 0521/559-0, Fax: 0521/559-115
E-Mail: info@delius-klasing.de
www.delius-klasing.de

FSC
www.fsc.org
MIX
Papier aus verantwortungsvollen Quellen
FSC® C084279